江苏科普创作出版扶持计划项目

ASTRONOMICAL TELESCOPE

聆听宇宙的电台

射电天文望远镜

中国天文学会 中科院南京天文仪器有限公司 组织编写
程景全 著

天文望远镜史话 ③

南京大学出版社

图书在版编目（CIP）数据

聆听宇宙的电台：射电天文望远镜 / 程景全著．—
南京：南京大学出版社，2023.1（2024.3 重印）
（天文望远镜史话）
ISBN 978-7-305-23093-6

Ⅰ．①聆…　Ⅱ．①程…　Ⅲ．①射电望远镜　Ⅳ．
① TN16

中国版本图书馆 CIP 数据核字 (2022) 第 243981 号

出版发行　南京大学出版社
社　　址　南京市汉口路 22 号　　　　邮　编　210093

丛 书 名　天文望远镜史话

书　　名　聆听宇宙的电台——射电天文望远镜
LINGTING YUZHOU DE DIANTAI —— SHEDIAN TIANWEN WANGYUANJING
著　　者　程景全
责任编辑　王南雁　　　编辑热线　025-83595840

照　　排　南京开卷文化传媒有限公司
印　　刷　南京凯德印刷有限公司
开　　本　787 mm×960 mm　1/16　　印张 7.75　　字数 125 千
版　　次　2023 年 1 月第 1 版　2024 年 3 月第 2 次印刷
ISBN　978-7-305-23093-6
定　　价　48.00 元

网　　址：http://www.njupco.com
官方微博：http://weibo.com/njupco
微信服务号：njuyuexue
销售咨询热线：（025）83594756

序言

PREFACE

21世纪是科学技术飞速发展的太空世纪。“坐地日行八万里，巡天遥看一千河。”离开地球，进入太空，由古至今的人类，努力从未停止。古代传说中有嫦娥奔月、敦煌飞天；现代有加加林载人飞船、阿姆斯特朗登月、火星探测；当下，还有中国的“流浪地球”、美国的马斯克“Space X”。

中华文明发源于农耕文化，老百姓“靠天吃饭”，对天的崇拜，由来已久。“天地君亲师”，即使贵为皇帝老儿，至高无上的名称也仅仅是“天的儿子”，还得老老实实祭天。但以天子之名昭示天下，就彰显了统治的合法性。“天行健，君子以自强不息”，君子以天为榜样，“终日乾乾”。黄帝纪年以后，古中国的历朝历代都设有专门的司天官。史官起源于天官，天文历法之学对中国上古文明的形成，具有非同寻常的意义。古人类的天文观测都是用眼睛直接进行的。

人的眼睛就是一具小小的光学望远镜，在黑暗的环境中，人眼可以看到天空中数以千计的恒星。但没有天文望远镜，人类只能“坐井观天”，不可能真正了解宇宙。

在今天这个日新月异、五彩缤纷的世界中，面对浩渺太空和大千世界，人们总会存在很多疑问。这些问题看似互不相关，但其中许多问题都可以归结到天文望远镜的科学、技术和应用当中，天文望远镜是人类走进太空之匙。

进入21世纪以来，知识和信息以非凡的速度无限传递。这样一个追求高效率、快节奏的社会，对人的知识储备提出了更高更精的要求，从小打下坚实的基础变得至关重要。在众多获取知识的途径中，“站在巨人肩上”——读大师的作品无疑是最有效的办法之一。

青少年时期，是科学技术的启蒙期，在最关键的成长期，需要最有价值的成长能量。对于成长期的青少年来说，掌握课本上的知识已远远不能满足实际需要。他们必须不断寻找新鲜的知识养料来充实自己，为了使他们能够从浩瀚的书籍海洋中最迅速、最有效地获得那些凝聚了人类科学，尤其是技术发展最高水平的伟大成果，这套“天文望远镜史话”丛书应运而生。它以全新的理念、崭新的科学知识和温情的故事，带给读者全新的感受。书中，作者用生动丰富的文字、诙谐风趣的笔法和通俗易懂的比喻，将深奥、抽象的科技知识描绘得言简意赅，融科学性、知识性和趣味性于一体，不仅使读者能掌握和了解相关知识，更可激发他们热爱科学、学习科学的兴趣。

读书之前，书是您的老师；读书之时，您是自己的老师；读完之后，或许您就会成为别人的小老师。祝愿读者在阅读“天文望远镜史话”丛书过程中，能闪耀出迷人的智慧光芒，照亮您奇特有趣、丰富多彩的科学探索之路和美丽的梦想世界。

常进

2020.08.

前言
PREFACE

身处 21 世纪，借助于各种天文望远镜，人类的天文知识已经十分丰富。航天事业的发展使人类在月亮这个最邻近的天体上留下了自己的足迹。人类制造的航天器也造访过太阳系中一些十分重要的行星和小行星。毫不夸张地说，人类对于宇宙的认知几乎全部来自天文望远镜的观测和分析。

天文望远镜是人类制造的一种用于探测宇宙中各种微弱信号的专用仪器。它们的形式多种多样，技术繁杂，灵敏度极高。天文望远镜延伸和扩展了人类的视觉，使你可以看到遥远和微弱的天体，甚至是无法被“看见”的物理现象和特殊物质。

经过长时期的发展，现代天文望远镜的观测对象已经从光学、射电，扩展到包含 X 射线和伽马射线在内的所有频段的电磁波，以及引力波、宇宙线和暗物质等。这些形形色色的望远镜组成庞大的望远镜家族。丛书“天文望远镜史话”将专门介绍各种天文望远镜的相关知识、发展过程、最新技术以及它们之间的联系和差别，使读者获得有关天文望远镜的全方位的知识。

天文学研究的目标是整个宇宙。汉字“宇”表示上下四方，“宙”表示古往今来，“宇宙”便是所有空间和时间。在古代，人类用肉眼直接观察天体，在黑暗的环境中，人眼可以看到天空中数以千计的恒星。

中国是最早进行天文观测的国家之一。2001 年在河南舞阳贾湖发掘的裴李岗文化遗址中发现了早在 8000 年以前的贾湖契刻符号，这也是世界上目前发现的最早的一种真正的文字符号。从那时起，古代中国人就开始在一些陶器上记录重要的天文现象。

公元前 4 世纪，我国史书中就有了“立圆为浑”的记载。这里的“浑”就是世界上最早的恒星测量仪器——浑仪。后来西方也发展了非常相似的浑仪，但他们沿用的是古巴比伦的黄道坐标系，所记录的恒星位置并不准确。直到公元 13 世纪之后，第谷才开始使用正确的赤道坐标系记录恒星位置。

公元前 600 年，古代中国人已经有了太阳黑子的记录。这比西方的伽利略提早了约 2000 年。在春秋战国时期，出现了著名的天文学家石申夫和甘德，以及非常重要的 8 卷本天文专著《天文星占》，其中列出了几百个重要恒星的位置，这比西方有名的伊巴谷星表要早约 300 年。古代中国人将整个圆周按照一年中的天数划分为 365 又 1/4 度，可见他们对太阳视运动的观测已经相当精确，这一数字也非常接近现代所用的一个圆周 360 度的系统。

郭守敬是世界历史上十分重要的天文学家、数学家、水利专家和仪器制造专家。他设计并建造了登封古观星台。他精确测量出回归年的长度为 365.2425 日。这个数字和现在公历年的长度相同，与实际的回归年仅仅相差 26 时秒，领先于西方天文学家整整 300 年。同样，他在简仪制造上的成就也比西方领先了 300 多年。

光学望远镜是人类眼睛的延伸。天文光学望远镜的发展已经有 400 多年的历史。利用光学天文望远镜，人们看见了许多原来看不到的恒星，发现了双星和变星。天文学家也发现了光的频谱。观测研究恒星的光谱可以了解它的物质成分及温度。

麦克斯韦的电磁波理论使人们认识到可见光仅仅是电磁波的一部分。电磁波的其他波段分别是射电（即无线电）、红外线、紫外线、X 射线和伽马射线。为了探测在这些频段上的电磁波辐射，从 20 世纪 30 年代以来，天文学家又分别发展了射电望远镜、红外望远镜、紫外望远镜、X 射线望远镜和伽马射线望远镜。这些天文望远镜是对人类眼睛光谱分辨能力的扩展。

20 世纪中期，物理学家和天文学家又分别发展了引力波、宇宙线和暗物质望远镜。这些新的信息载体不再属于电磁波的范畴，但它们同样包含非常丰富的宇宙信息。随着对这些新信息载体的认识不断深入，天文学家正在发展灵敏度非常高的引力波望远镜、规模宏大的宇宙线望远镜和深入地下几公里的暗物质望远镜。这些特殊的天文望远镜是对人类观测能力新的补充。

天文望远镜是人类高新技术的集大成之作，天文望远镜的发展也极大地促进了人类高新技术的发展。例如，现代照相机的普及得益于天文望远镜中将光学影像转化为电信号的 CCD（电荷耦合器件），手机的定位功能也直接来源于射电天文干涉仪的相位测量方法，而民航飞机的安检设备则是基于 X 射线成像望远镜技术等等。

本套丛书为读者逐一介绍了世界上各式各样天文望远镜的发展历史和技术特点。天文望远镜从分布位置上分为地面、地下、水下、气球、火箭和空间等多种望远镜；从形式上包括独立望远镜、望远镜阵列和干涉仪；从观测目标上包括太阳、近地天体、天体测量和大视场等多种望远镜。如果用天文学的语言，可以说我们已经进入了一个多信使的时代。

期待聪明的你，能够用超越前辈的聪明才智，去创造“下一代”天文望远镜。

引言
INTRODUCTION

本书是丛书“天文望远镜史话”中的第三本，详细介绍射电天文望远镜的发展。射电望远镜包括长波段的米波天文望远镜，以及频率较高的微波、毫米波、亚毫米波和太赫兹天文望远镜。射电望远镜的发展开始于 20 世纪 30 年代。第二次世界大战后射电望远镜获得飞速的发展，1963 年美国建成 300 米口径固定天线望远镜，阿雷西博射电望远镜。1972 年德国建成 100 米口径可动射电望远镜，埃菲尔斯伯格射电望远镜。1980 年美国建成射电成像干涉仪，即甚大阵。之后射电望远镜转向波长更短的毫米波和亚毫米波领域。1995 年美国和德国建成 10 米赫兹望远镜。2012 年美国、欧洲各国、日本等国联合建造了规模巨大的阿塔卡马大型毫米 / 亚毫米波阵。2016 年中国建成 500 米口径球面射电望远镜。

读者如果想了解其他种类的天文望远镜，请查阅本系列丛书的其他分册。

目录
CONTENTS

01

电磁波的发现

人类对宇宙的观察首先是从可见光开始的，地球大气层在这个波段以及邻近的部分红外波段比较透明。实际上对地球大气层来说，还有一个更为开阔，更加透明的无线电波窗口，即射电波段窗口（图 1）。射电波段是电磁波整个频段的一部分。它从米波、厘米波开始，包括毫米波和亚毫米波，是一段非常广阔的频段。物理学

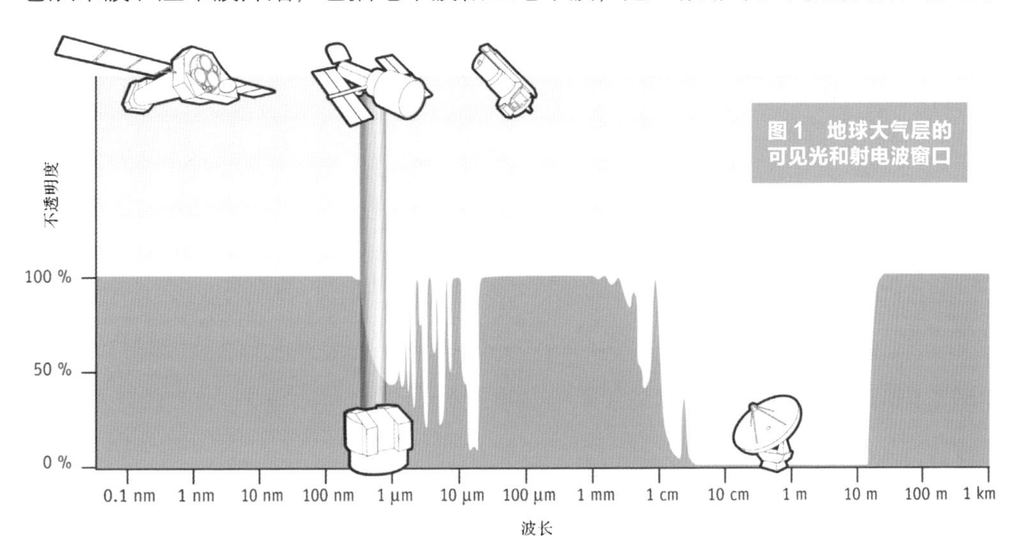

图 1　地球大气层的可见光和射电波窗口

家是首先通过对射电波的研究，进而认识了电磁波的特性的。而射电波的发现则是通过对电和磁两种现象的研究而实现的。

早在公元前 2635 年，中国古人就首先发现了天然存在的磁石，并且了解到磁石有指向南北方向的特点。磁石经过打磨加工以后，很快就被用于众所周知的指南针中。中国式古指南针（司南）是一个大汤勺的形状。将这个由磁石打磨成的勺子放置在一个有色金属的平面之上，勺子的头尾则始终指向地球南北的方向（图 2）。后来指南针被制造成像针一样的形状，用一个针尖轴承将磁针支撑在它的重心上，或者用丝线悬挂起来，同样可以使用。公元 1175 年，指南针技术传到欧洲。指南针的发明对航海业是一个极大推动。很快人们就认识到磁石，以及随之而发现的磁铁，具有同性相斥和异性相吸的特殊属性。

图 2　司南

经过了长时间封闭的中世纪以后，1600 年英国人吉尔伯特发现琥珀与毛皮摩擦或者玻璃与丝绸摩擦以后，会分别具有吸引质量小的纸片等物体的特殊现象，这是人类第一次系统研究静电。后来德国马德堡的格里克发明了第一台能够产生和储存静电电荷的摩擦起电机。1729 年格雷发现金属材料可以导电。1734 年杜菲发现存在两种不同形式的电荷，并将其定义为正、负电荷。在正、负电荷之间具有同性相斥和异性相吸的现象。1745 年出现了可以储存电荷的电容器。1780 年富兰克林通过在雷雨中放风筝，发现雷电中存在的电荷和电流。富兰克林是美国人，没有受过正规教育。他发明了将雷电中电荷传递到地下的避雷针装置，这是在电磁现象发现后第一个十分重要的电磁学实用发明。

1785 年库仑第一次在电学和磁学领域进行定量测量和分析，得到两个电荷之间作用力和电荷大小成正比、和电荷之间距离平方成反比的库仑定律。1789 年这个定律被推广到磁学领域。库仑著有重要的《电气和磁性》专著。

1819 年丹麦物理学家奥斯特应用十分简单的装置证明了在电流和磁场之间存在着十分重要的依存关系。在这个实验中，将指南针放置在通过电流的电线附近。当电流切断或者连接的时候，指南针将会明显地受到电流所产生磁场的影响，发生偏转。也就是说，在电流的周围存在着磁场。1820 年奥斯特将他的实验写成仅仅 4 页的一篇论文《论磁针的电流撞击实验》。论文记录了他的电磁实验装置以及近 60 多次的实验结果。他的结论是：电流产生磁场的作用仅仅存在于载流导线的周围；电流所产生的磁场，沿右手螺旋线法则垂直于导线；电流对磁针的作用可以穿过不同介质；而作用强弱则取决于导线到磁针的距离和电流的强弱。同一年，安培使用数学方法总结了奥斯特的发现，得出了十分重要的结论：（1）两个距离相近、强度相等、方向相反的电流对所产生的磁场作用力相互抵消；（2）在弯曲导线上电流所产生的磁场力可以看成由许多小段直线电流所产生的作用力的矢量和；（3）当载流导线长度和作用距离同时增加相同倍数时，磁场作用力将保持恒定。安培提出磁针转动方向和电流方向的关系服从右手螺旋线法则，即安培法则。1822 年安培提出电流方向相同的两条平行导线互相吸引，电流方向相反的两根平行导线互相排斥的规律。1826 年安培最终总结出电流元之间产生作用力的安培定律。这个定律描述两电流元之间相互作用力和两电流元大小、两电流元间距以及电流方向之间的关系。他还提出了十分重要的分子电流假设，认为每个分子的电流元可以使材料形成小磁体。安培同时发明了测量电流的仪器——电流计。

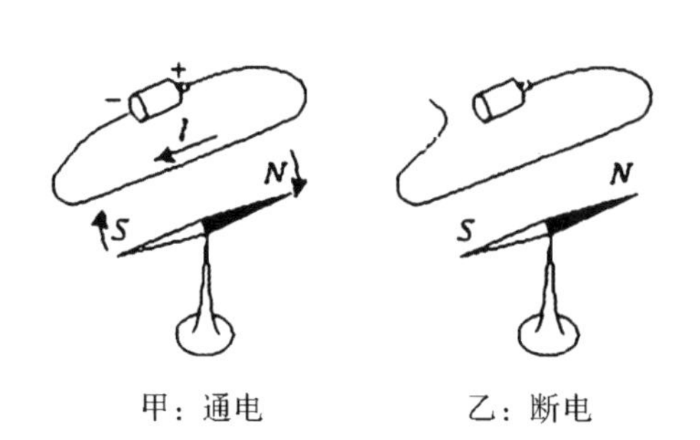

甲：通电　　　乙：断电

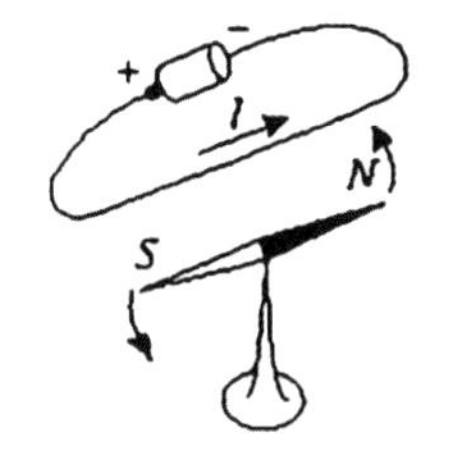

丙：改变电流方向

a. 插入磁体

b. 拔出磁体

图 3　安培和法拉第分别进行的电磁感应实验

1831 年印刷装订工出身的法拉第用同样非常简单的实验显示了磁场和电流之间的关系。在实验中，法拉第将一个永磁铁插入用导线绕制的线圈之中。当磁铁插入时，线圈中就会产生电流（图 3）。因此法拉第出版了著名的《电学实验研究》一书。法拉第是一位实验大师，但欠缺数学功力，他的创见都是以直观形式来表达。当时的物理学家恪守牛顿理念，对法拉第的学说感到不可思议。有人甚至宣称："谁要是在超距作用和模糊不清的力线观念中有所迟疑，那就是对牛顿的亵渎！"

经过这些实验，人们已经将自然界的"力"，即热、电、光、磁和化学力逐渐归结为粒子之间的吸引或排斥，而磁和静电则有类似引力的平方反比规律。1873 年麦克斯韦综合了前人所发现的分别分散在电、磁和光等方面似乎是孤立的现象、实验和理论，进而发现了电磁场方程，创建了电磁场理论。麦克斯韦终于成为从牛顿到爱因斯坦之间这一整个阶段中最伟大的一位理论物理学家（图 4）。

麦克斯韦 1831 年出生于苏格兰爱丁堡，出生当年，法拉第提出电磁感应定律。

图 4 麦克斯韦

麦克斯韦智力发育早，十五岁时就向爱丁堡皇家学院递交科研论文。1847 年麦克斯韦中学毕业，进入爱丁堡大学学习。在班上他年纪最小，但成绩却名列前茅。他用三年时间完成了四年学业，为了进一步深造，1850 年他来到剑桥大学三一学院继续学习数学。1854 年他以第二名的成绩获得奖学金，留校任职两年。1855 年麦克斯韦发表了第一篇关于电磁学的论文《论法拉第的力线》。1856 年他在苏格兰阿伯丁的马里沙尔学院任教授，1860 年在伦敦国王学院任天文学教授，1861 年又发表了《论物理力线》。1863 年他完成第三篇电磁学论文《论电学量的基本关系》，这是麦克斯韦电磁学研究的重要一步。在这篇论文里，他推广了傅立叶在热学理论中所使用的方法，宣布了和质量、长度、时间相关的电量和磁量的定义，把量纲关系表示为质量、长度和时间的幂乘积。1864 年麦克斯韦发表《电磁场动力学理论》。这一工作经后人整理和改写，成为经典电动力学的麦克斯韦方程组。1861 年麦克斯韦入选伦敦皇家学会。1865 年他辞去教职，回家系统总结电磁学研究成果，完成了电磁场理论的经典巨著《电磁学通论》，这部通论于 1873 年出版。1871 年麦克斯韦受聘为剑桥大学新设的卡文迪什教授，负责筹建卡文迪什实验室，1874 年实验室建成，他担任实验室第一任主任，直到 1879 年。卡文迪什实验室对整个实验物理学的发展产生了极其重要的影响，众多著名科学家都曾在该实验室工作。卡文迪什实验室甚至被誉为“诺贝尔物理学奖的摇篮”。在对前人和他自己的工作综合概括的基础上，麦克斯韦将电磁场理论用简洁、对称、完美的数学形式表示出来，成为经典电动力学的麦克斯韦方程组。据此，他 1865 年就准确地预言了电磁波的存在，并推导出电磁波传播速度等于光速。由于交变电场会产生交变磁场，而交变磁场又会产生交变电场，这种交变的电磁场就会以电磁波的形式，向空间散布开去。麦克斯韦作出这一预见时年仅 34 岁。这是麦克斯韦一生中最辉煌的一年。同时他指出，可见光是电磁波的一种形式，深刻揭示了光现象和电磁现象之间的内在联系。1879 年，48 岁的麦克斯韦因胃癌与世长辞。十分巧合，爱因斯坦在这一年诞生。

因为他的科学思想和科学方法的重要意义直到 20 世纪科学革命时才充分体现出来，麦克斯韦在生前没有享受到他应得的荣誉。他没能看到科学革命的发生。如果说牛顿的经典力学为机械时代打开了大门，那么麦克斯韦的电磁场理论则为电气时代打开了大门。

麦克斯韦关于电磁波的伟大预言是赫兹用实验证实的，那时麦克斯韦已经去世 8 年。赫兹 1857 年出生，1885 年他获得卡尔斯鲁厄大学教授资格，1887 年他证明了电磁波的存在。

在这个重要实验中，赫兹使用了可以接收无线电波的赫兹天线（图 5）。依照麦克斯韦理论，变化中的电能会辐射电磁波。赫兹根据电容器经由电火花隙会产生振荡的原理，设计了一种电磁波发生器。他将一个感应线圈的两端连接于两根铜棒上。当感应线圈的电流突然中断时，感应产生的高电压使电火花隙之间产生火花。很快，

图 5　赫兹使用的天线

电流会在电火花隙和锌板之间振荡，频率高达数百万周，此火花会激发产生电磁波。赫兹又设计了一个简单的检波器来探测这个电磁波。他将一小段导线弯成圆形，在导线的两端点间留有一段小的电火花间隙。因为电磁波应该在此小线圈上同样产生感应电压，所以会使这个间隙内产生火花。他本人坐在暗室内，将检波器放置于距离振荡器 10 米距离，结果他发现检波器的电火花间隙中确实有小火花产生。赫兹在暗室远端墙壁上覆盖可以反射电波的锌板，入射波与反射波重叠应该产生驻波，他用检波器在距离振荡器不同的距离上检测，证实了驻波的存在。赫兹先求出振荡器频率，又用检波器测量驻波的波长，二者乘积即等于电磁波的传播速度，这个速度正如麦克斯韦所预测的，正好等于光速（图 6）。赫兹的这个实验不仅证实了麦克斯韦的电磁场理论，更为无线电、电视和雷达等一系列新技术的发展指出了方向。这个重要实验标志着旧的经典物理学时代的结束和新的现代物理学时代的开始。不过赫兹在当时并不知道他的实验的重要性。

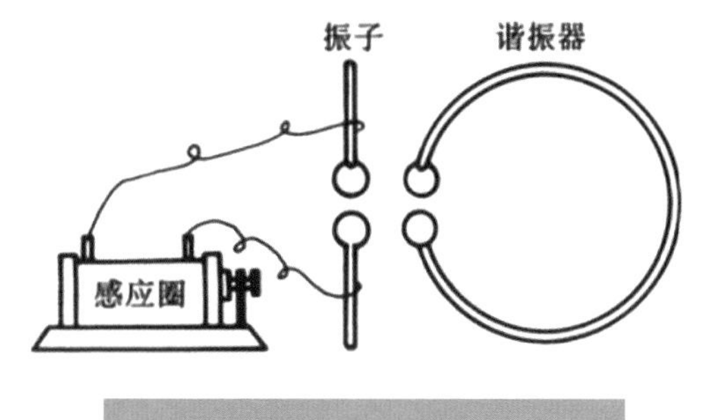

图 6　赫兹证明电磁波存在的实验装置

据说当时有人问赫兹，你这个发明有什么用？他说，除了在表演时，会令在场的女士们惊奇和尖叫外，确实没有什么用。赫兹的寿命同样非常短，1894 年，37 岁的赫兹因败血症在波恩去世。现在赫兹是周期性振动的频率单位，1 赫兹就是在一秒时间内重复一次的振动，10 赫兹就是在一秒时间内重复十次的振动。

1901 年，马可尼开始建造发射和接收电磁波的天线。天线越做越大，逐步证实了电磁波的信号可以传递数十、数百，或者上千千米，从而实现了无线电通信。马可尼有一个经验公式，就是电磁波的传播距离正比于杆状天线高度的平方数。1920 年商业性无线电广播正式开始。天线一词从此在电子学领域获得广泛应用。

1924 年马可尼推动了短波段、长距离无线电洲际通信。当时在英国发出的无线电信号，可以分别在加拿大、阿根廷和澳大利亚直接进行接收。由于可以接收到来自远方的无线电波，所以很快就有人想接收来自地球以外的无线电信号，于是诞生了后来的射电天文学。

02

早期的射电天文探测

爱迪生诞生于 1847 年，是美国著名的发明家，在他的名下总共有多达 2500 多项专利和发明。1890 年爱迪生曾试图对太阳进行射电波辐射的测量。当时他的实验室曾经向利克天文台提出建议，制造一台专门用来测量太阳射电辐射的接收装置。不过利克天文台台长对此并不关心，这件事就不了了之。不过在当时，所有的无线电装置都应用于长波段的射电波，而长波段的射电波会受到大气电离层的反射，太阳在这一波段的射电辐射是不可能进入地球表面的。所以爱迪生的这个建议实际上没有意义。1896 年天文期刊上又有一个类似的、失败的太阳观测记录，这位天文学家当时认为地球大气层会吸收掉来自太阳的射电辐射。

1900 年天文学家诺德曼试图在海拔 3100 米的高山上对太阳进行射电波段观测。不巧这个时间正好是太阳宁静期，所以观测同样失败。1920 年亥维赛发现电离层对于长波的反射。从此天文学家才知道如果要进行射电天文观测，必须使用频率大于 20 兆赫的射电频段。1 兆赫指在一秒钟时间内振动重复一百万次。在无线电发展早期，无线电波根据波长可以分为长波、中波、短波、超短波、米波和分米波等等波段。长波的波长在 10 千米到 1 千米范围，频率是 30 千赫到 300 千赫。中波的波长在 1 千米到 100 米之间，频率是 300 千赫到 3000 千赫。短波的波长在 100 米到 10 米之间，频率是 3 兆赫到 30 兆赫之间。而超短波的波长在 10 米到 1 米之间，频率在 30 兆赫到 300 兆赫之间。到了分米波，波长则是在 1 米到 0.1 米之间，频率在 300 兆赫到 3000 兆赫之间。短波被称为高频波，超短波被称为甚高频波，分米波被称为特高频波。波长再短，就是超高频波，即厘米波；极高频，即毫米波；至高频，即亚毫米波。

1931 年美国电报电话公司的工程师央斯基第一个接收到了来自银河系的无线电信号，这个实验开创了射电天文学科。央斯基的父亲是俄克拉何马大学工程系主任，他后来在威斯康星大学电子工程系任教授。央斯基也曾经是这个大学物理系的学生。1927 年央斯基大学毕业，次年加入美国电话电报公司，在贝尔实验室进行研究。当时他的任务是使用 10 米到 20 米波长的短波来研究洲际通信时的噪声问题。当时短波无线电通信已经比较成熟，短波通信比长波通信有更大优越性。不过在短波通信时，噪声干扰比较严重。为了开展他的调查工作，他建造了一个频率 20.5 兆赫、方向性很好的旋转木马式短波天线（图 7）。经过很长时间的搜索和测量，他总共发现三种噪声来源：第一种是近距离雷电噪声；第二种是远距离雷电噪声；而第三种则是来自天空的轻微噪声。

图 7　央斯基使用的旋转木马式天线

这第三种来自天空的噪声每天都会出现一次，他开始以为噪声是从太阳中产生的。不过经过长时间不断观察，他发现噪声周期不是整数 24 小时，而是 23 小时 56 分 4 秒。这个数字是恒星相对于地球转动一圈所需要的时间，在天文上称为恒星日。原来这个噪声是银河系中心区域人马座内的射电源所发出的。这也是人类首次从可见光以外的电磁波接收到天体信息。1933 年，央斯基在国际无线电协会会刊上发表了一篇非常简要的只有 2 页的论文。当时纽约时报也报道了他的这个发现。对此他也十分兴奋，非常想建造一台 30 米尺寸的大天线来扫描整个天空，继续进行这项研究。但是他所在的电话电报公司不同意他的计划，他很快就被公司分配另外的工作。央斯基从此离开射电天文界。

当时央斯基发现天上射电源的工作在天文界影响很小，只有少数几个天文学家注意到他的工作。当时美国正处于经济萧条期，天文学家的工作经费少，大家都不愿意承接新的研究项目。不过有两个人注意到央斯基工作的意义，他们就是当时年轻的雷伯和后来美国著名的射电天文教授克劳斯。

几十年以后，作为射电天文学科的开创者，央斯基在射电天文界十分出名。他当时所使用的旋转木马天线也被复制出来，复制品就陈列在美国国家射电天文台内。同时央斯基已经成为天文学中描述电磁波流量密度的单位。一个央斯基等于在一赫兹频率宽度范围内、在一平方米范围内的能量为 10^{-26} 瓦特的能量流。这是一个非常小的能量流的单位。

继央斯基以后，一直到第二次世界大战结束，世界上唯一的射电天文学家可能就是雷伯。雷伯家庭比较富裕，在少年时代就是无线电“发烧友”，他曾经尝试向月球发射无线电波，希望能够接收到从月球反射回来的信号。不过这个工作当时没有获得成功。1933 年雷伯大学毕业后，听到了央斯基的重要发现，他立即向贝尔实验室申请工作，希望能和央斯基一起进行射电天文研究。他的工作申请没有获得电报电话公司的批准。

工作申请失败后，雷伯仍然对射电天文恋恋不舍。1937 年他利用自己的钱，花费 1300 美元请人制造了世界第一台抛物面形状的射电天线（图 8）。这台 9.6 米口径的射电望远镜底座是用木头制成的，天线的传动依靠人力转动，整个天线只能在高度方向上下移动，使它对准天区的一个方向。这面天线就安置在伊利诺伊州惠顿县他家的后院里。现在抛物面形的天线已经是射电天文望远镜中最主要的结构形式了。1939 年雷伯利用这台天线首次在 160 兆赫的频率上探测并扫描到来自天空中的射电信号，1941 年他画出了世界上第一张天文射电源分布图。

图 8　雷伯的 9.6 米抛物面射电望远镜

1940 年雷伯在《天体物理》刊物发表了他的第一篇学术论文。当时《天体物理》刊物的编辑是非常有名的印度裔天文学家钱德拉塞卡。他对雷伯论文的价值无法发表意见，所以他就和几位天文学家专程一起来到雷伯家中，亲眼去看了他的射电望远镜和它的接收装置，从而了解到雷伯很清楚他自己的研究目标。这样最后才批准了论文的发表。1944 年雷伯又一次在《天体物理》刊物上发表太阳射电的观测结果。这些早期射电天文论文的发表实际上才真正从文字上表明了射电天文学的诞生。

由于雷伯射电天文论文的发表，当时芝加哥大学天文教授格林斯坦很愿意给雷伯在大学安排一个教职。但是雷伯家境优越，天生不想受任何约束，所以拒绝了这番好意。另外在雷伯看来，那时的天文学家对电子仪器一窍不通，把这些仪器看作是表演魔术的黑盒子。更为重要的是这些天体物理学家并不认为天体会产生任何射电波。雷伯认为他们纯粹是一些只会指指点点的外行。

从 1941 年到 1943 年雷伯使用他的望远镜进行了射电巡天。雷伯一辈子始终是一名射电天文学中的个体户，长期从事射电天文的冷门研究工作。后期他认为在地球的磁极附近可以更好地进行长波射电天文观测工作，所以在 1954 年搬迁到了地球上最靠近南磁极的澳大利亚南部一个小岛上去了。那里是地球上可以接收宇宙长波信号的少数几个地点之一。后来他一直定居在这个小岛上。雷伯一辈子都不相信大爆炸理论，他坚信红移是由于在星际中光线不断被吸收而导致的。雷伯于2002 年去世，两天之后就是他的 91 岁生日。现在雷伯的第一台天线的复制品，也和央斯基天线一起，陈列在美国国家射电天文台之内。

雷伯在射电天文方向的一个重要发现是：在射电波段，低频辐射的能量常常高于高频辐射的能量。这个结论和黑体辐射模型完全不同。根据黑体辐射理论，应该是高频部分具有较多的辐射能量。到 20 世纪 50 年代，苏联天文学家金兹伯格终于发现电磁波的同步辐射机制，才最终解开这个特殊天体辐射现象的秘密。

射电天文望远镜的原理和结构与军用雷达十分相似。1942 年 2 月，在第二次世界大战期间，英国军官赫尔在军用雷达屏幕上发现一个非常强的干扰源，后来证实这实际上是来源于太阳黑子的强射电辐射。同年美国工程师萨斯沃斯在贝尔实验室工作期间，也探测到了从太阳黑子中发出的波长在 1 厘米到 10 厘米之间的微波辐射。

1940 年，当雷伯使用 2 米波长的射电波对银河系中心进行天文观测的结果发表以后，立即就引起了在遥远的欧洲的一位天文学家的注意。这个天文学家就是当时荷兰天文俱乐部积极分子奥尔特。他一直在进行银河系内部星际间相对于银心的差分转动的研究。遗憾的是在光学波段，银心所发出的信号存在严重的消光现象。但他知道，在射电波段不存在信号被吸收的现象。1944 年奥尔特发表了一篇空间射电波的论文，认为在空间射电波中只要观测到一条分子谱线，那么射电天文就会变得十分重要。他立即向他的学生布置了研究谱线的任务，这个学生就是范德胡斯特。范德胡斯特很快就建议他去观测中性氢的 21 厘米谱线。在这个频段，一台 10 米天线可以获得 1.5 度的分辨率。如果使用 20 米天线，分辨率可以达到 0.5 度。1945 年奥尔特提出了在荷兰建设 25 米射电天线的计划，这个计划获得荷兰皇家科学院的支持。但是当时是战争期间，并没有任何经费支持。

第二次世界大战后，一大批德国军队所使用的 7.5 米口径雷达天线（图 9）分

图 9　7.5 米的德国雷达在战后成为最早的一批射电天文望远镜

图 10　在华盛顿海军实验室主楼顶上的早期厘米波射电天文望远镜

别在英国、荷兰、法国、瑞典和捷克等国被用于战后的射电天文观测，成为欧洲最早的一批射电天文望远镜。

1951 年 3 月 25 日，远在美国哈佛的埃文等首次观测到 21 厘米的谱线。四个星期以后，在荷兰的卡特韦克，利用德国的雷达天线和自制的接收机，21 厘米的谱线再次被成功观测到。

早期射电天文项目在美国是由海军主持的。1950 年冷战已经开始，美国海军情报机构在马里兰州建造了一台固定在地面上的椭圆形 67 米长、8 米宽的射电天线。天线方向直指中国和苏联。几乎同时，美国海军实验室在华盛顿总部楼顶上建造了一台口径 15 米的厘米波射电天文望远镜（图 10）。从此射电天文望远镜开始进入了一段快速发展的新时期。

射电波和可见光一样，都属于电磁波。然而射电波和可见光又不一样，人眼睛可以直接感受可见光，却不能够直接感受射电波。射电波信号只能通过一些专用无线电装置来检测，这些工作需要特殊的电子工程师的知识背景，一般天文学家很难涉足于这一领域。长期以来，电子工程师们发展和使用了一整套和光学领域完全不同的专业术语和词汇。这为其他领域工作的专家进入这个领域带来了很大的困难。

03

射电天线的种类

大家都知道，光学天文望远镜有两种主要类型：一种是由透镜所构成的折射光学望远镜；另一种是由反射镜面构成的反射光学望远镜。在这两种光学望远镜之外，有少数是既包含透镜又包含反射镜的折反射望远镜。

射电天文望远镜和光学天文望远镜不同，尤其在低频的部分。它们包括很多不同形式的细长的杆件，而天线在英语中的原义正是昆虫的触角。射电望远镜常常被称为射电天线，它是一种接受微弱射电信号的高增益装置。所谓增益就是输出信号和输入信号的强度比，天线增益常常用它的对数值来表示，称为分贝。射电望远镜在高频区间的主要结构形式是连续孔径反射面天线以及由面天线作为基本单元的非连续孔径天线，即天线阵。在射电望远镜中还包含一些在低频波段使用的中、低增益的天线单元。这些小尺寸的天线单元往往只是用来作为一些面天线焦点上的接收器或者是作为一些庞大阵列的基本单元。这样的安排可以保证整个望远镜系统的高增益。当这些小天线用作为接收器的时候，又被叫作馈源、喇叭或者照明器，而不被称为天线。

可以作为焦点上接收器的或者是阵列中单元的天线有偶极子天线、圆柱螺旋天线（图 11）、空腔式天线和喇叭天线（图 12)。喇叭天线又可以分为圆锥喇叭天线、多模喇叭天线和混模喇叭天线。偶极子天线是最简单的天线形式，它包含两根从中心分出的对称杆件。它的辐射方向和接收方向正好垂直于杆件所在方向。偶极子天线只适用于低频波段。在高频波段，喇叭天线频率特性好，结构也相对简单。特别是混模喇叭天线在较宽的频带范围内可以获得良好的电特性，因此成为高频区域射电望远镜的主要照明器。在毫米波段，也常常使用像领结一样的对数周期式的广谱平面天线来作为焦点上的接收器。

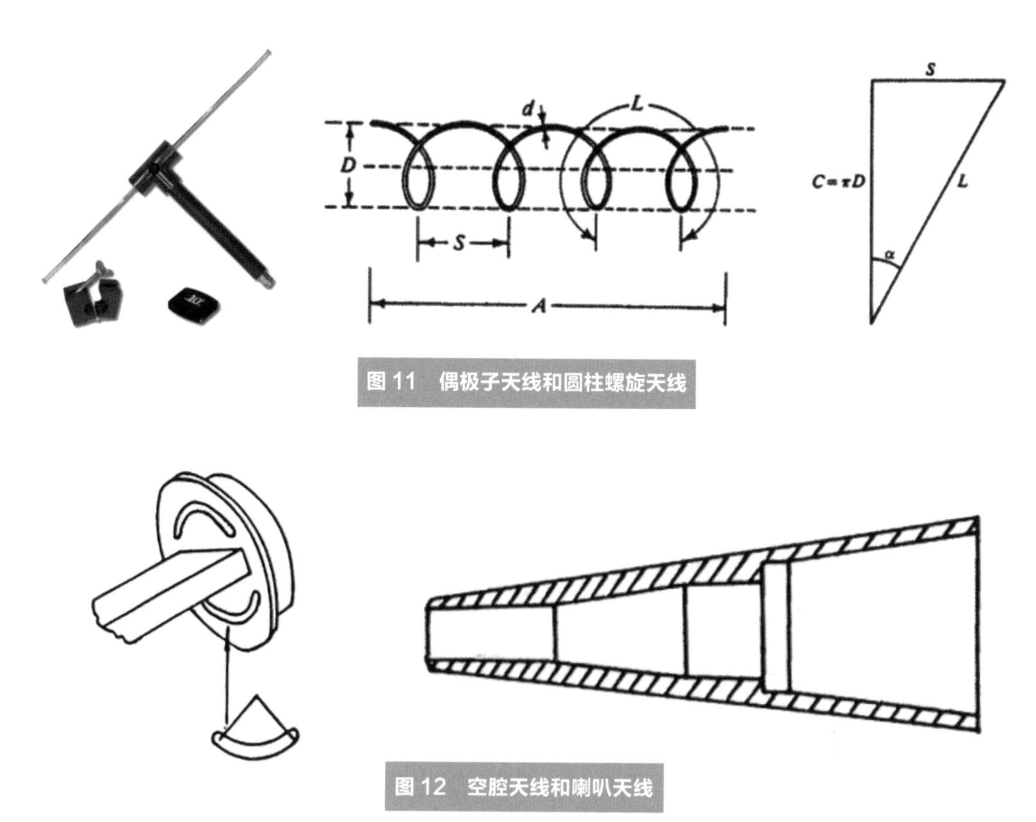

图 11　偶极子天线和圆柱螺旋天线

图 12　空腔天线和喇叭天线

在低频率区域，可以用偶极子天线组成庞大阵列，这是低频区域射电天文望远镜的一种基本形式。偶极子的响应特性和它对应的射电波波长相关，波长不同，天线的响应也不相同。按照射电天线的术语，就是不同相对长度的天线具有不同的辐射方向图。

当偶极子长度等于一个波长的时候，偶极子天线的方向性最好。电磁波发射和接收的方向和偶极子长度方向相垂直，集中在一个很小的角度上，向四面八方传播。继续增大偶极子的长度，发射方向就会发散，方向图变得十分复杂。在偶极子天线的前面和后面分别增加金属杆式的导向器和反射器，就可以获得接收和发射性能更好的八木天线，这时发散和接收最好的方向是在装有多个导向器的同一方向上，从而避免了偶极子天线向四面八方发散的能量损失（图 13）。八木天线曾经是多年前常用的屋顶电视天线，它的横向尺寸小的一端要对准电视台的方向。

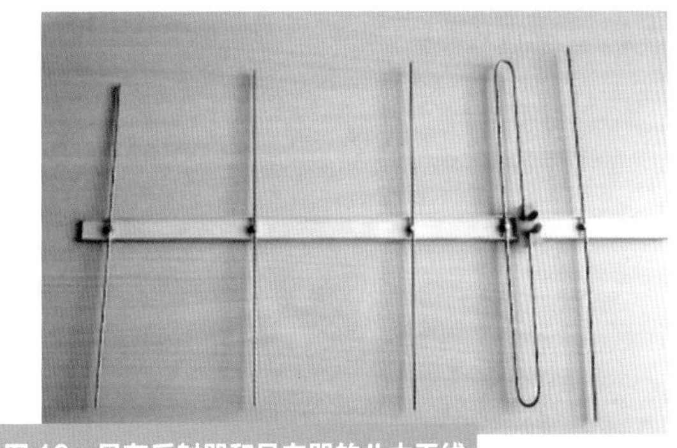

图 13　具有反射器和导向器的八木天线

一般螺旋圆柱天线方向性更好，这种天线基本上只向螺旋轴线的前方很小的一个角度上发射和接收射电辐射，它所接收和发射的电磁波具有圆极化的特点。

使用金属反射面聚焦可以提高馈源本身所具有的方向性。偶极子的馈源可以使用在抛物柱面反射面的焦点上来作为照明器。在频率较高的时候，抛物面反射面具有最好的方向性和最高的灵敏度。当平行于抛物面轴线的电磁波射入抛物面时，它们会等光程地会聚于它的焦点上。这时候，射电望远镜会有最高的接收和发射效率。和光学天文望远镜相似，射电望远镜可以仅使用一个抛物面形成主焦点系统；也可以同时使用一个抛物面和一个双曲面，形成卡塞格林焦点系统；或者同时使用一个抛物面和一个椭球面，形成格里高利焦点系统。金属反射面天线重量大，大部分采用地平式支架，早期个别天线采用了赤道式支架。射电望远镜的结构形式主要有两种：一种是主支撑轴形式，另一种是轮轨式形式。前者适用于口径相对小的天线，后者适用于口径相对大的天线。

为了获得天线的最大效率，射电望远镜的反射面误差必须小于波长的二十分之一。所以越是工作在短波频率，对望远镜面形精度的要求就越高，制造难度就越大，成本也越高。

04

射电天文干涉仪的诞生

射电干涉仪最早是澳大利亚军方开始试验的。1945 年第二次世界大战期间，在澳大利亚军队中服役的帕西曾经使用军用雷达来观测太阳，很快发现来自太阳黑子的射电辐射。他通过温度测量，发现日冕的温度高达近百万开尔文。1946 年为了进一步确定在战时所发现的、不断变化着的和黑子相关的强噪声源的精确位置，他发明了一种简单的利用海平面镜像反射所形成的射电干涉仪。这个射电干涉仪的实验是在澳大利亚东部海岸峭壁上所设置的一些雷达天线上进行的，最初使用的天线就是八木天线（图 14）。他通过这个射电干涉仪在日出的时刻进行观测，很精确地观测到了噪声源的大小和它的位置。到 1949 年，澳大利亚射电干涉仪的观测精度已经达到 10 角分。

几乎同时，从军队雷达部门退伍的剑桥大学卡文迪什实验室的射电天文学家赖尔认识到：无论是光学还是射电望远镜，它的分辨率总是和望远镜口径大小以及电磁波波长相关。口径越大，使用波长越小，角分辨率就越高。相比较光学望远镜，射电波波长是可见光波长的大约十万倍，所以射电望远镜的分辨率要差很多。

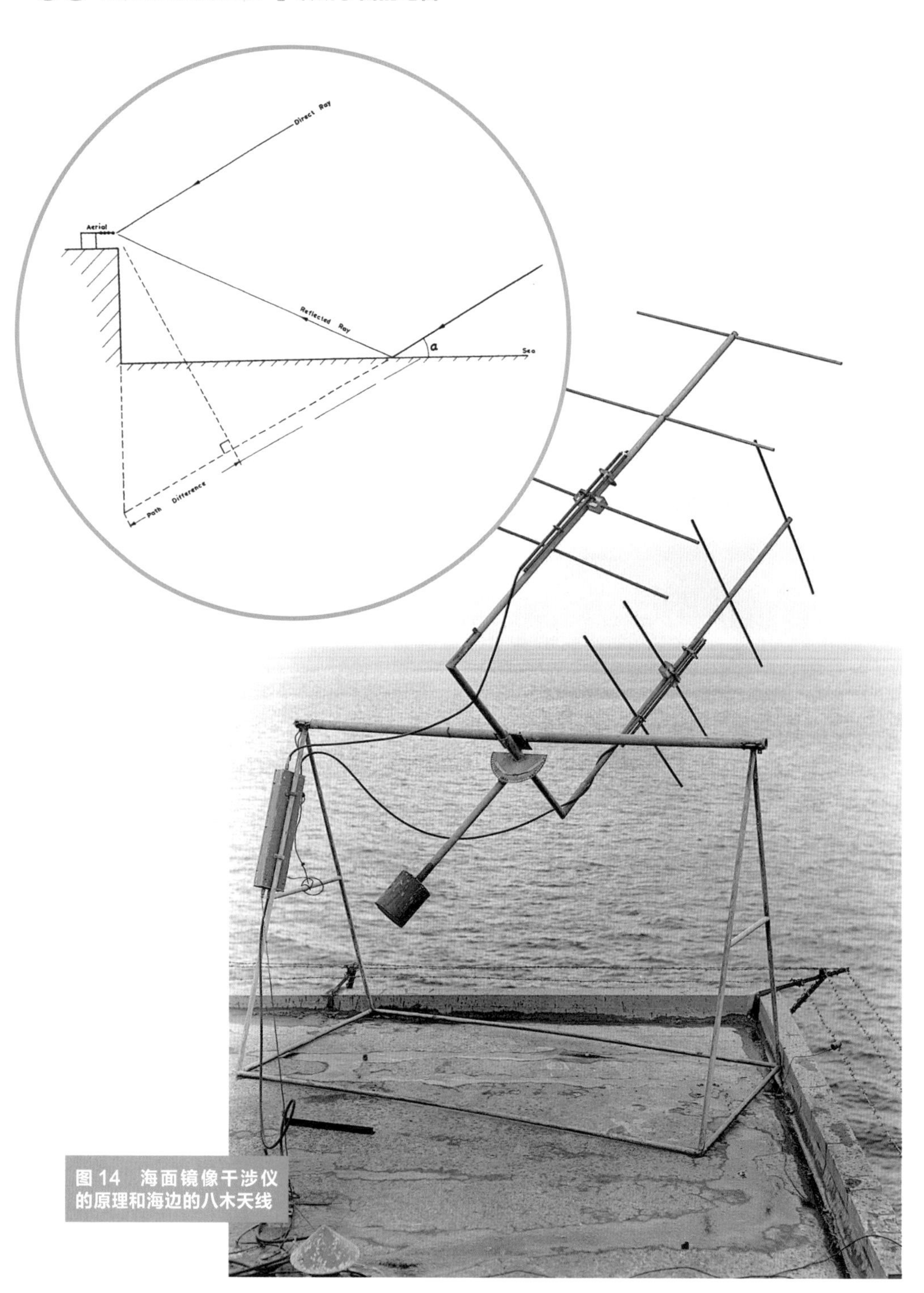

图 14 海面镜像干涉仪的原理和海边的八木天线

想要提高分辨率，必须建造口径很大的射电望远镜，这在当时是不可能完成的任务。而利用射电干涉仪来提高分辨率，则是一条可行的道路。两根天线所形成的干涉仪只能获得在一个方向上的高分辨率，很难解决射电望远镜赶超光学望远镜分辨率的问题。因此赖尔提出一种综合孔径望远镜的设想。在综合孔径望远镜中，一个大望远镜的口径面被分解成许许多多的子口径单元，而大口径望远镜的成像效果就相当于用这些子口径单元构成的很多双天线干涉仪的组合。他还发现在从大天线分解的子口径单元中，只需要使用其中有代表性的子口径组就可以获得使用大口径天线所能得到的天体基本信息。

根据这个理论，只要射电源本身在一定的时间段内是稳定的，实际上并不需要有很多组作为子口径的天线对来同时进行观测，而可以用一对可以改变天线之间距离的子口径天线对，在不同时间，分别使用不同的天线间距获得干涉结果，来最后获得所需要的数据。使用两个小口径天线，理论上也可以获得很好的只有大口径天线才能获得的图像效果。这两个小天线中，一个是固定的，而另一个位置可以自由移动。当移动天线到达新位置时，进行一次新的双天线干涉，并记录下它们的相关量。这样天线位置每移动一次，就可以获得射电源在这个新基线上的基本信息。当所获得的信息足够多时，就可以推算出射电源通过大口径天线进行观测的基本信息。

在实际天文观测中，如果一个干涉仪仅仅有两根小天线，则需要非常长的时间来不断地移动其中一根小天线的位置。所以综合孔径望远镜需要一定数量的小天线。这些小天线中，一部分是固定的，另一部分则是可以移动的。如果这种小天线进行相关观测的时间很短，那么每一根天线对之间的距离矢量不变，在天文干涉仪上则称为快照模式的综合孔径。如果相关观测时间较长，由于地球自转，每一根天线对之间的距离矢量会在它们相应基线平面上画出一条弧线，这相当于增加了天线对的数量。这种方法则称为地球自转的综合孔径模式。这种观测模式对安装在东西方向上的天线对特别有效，这时只需要观测 12 个小时，就可以获得相当于旋转 24 小时所能获得的全部信息。在赖尔的指导下，剑桥大学成功制造了早期的射电干涉仪。1974 年赖尔获得了射电天文领域的第一个诺贝尔物理学奖。

到 1951 年，赖尔借助于综合孔径干涉仪，已经在射电观测中获得了高达 1 角分的角分辨率。在综合孔径干涉仪中，天体成图所需要的相关量必须经过多次的乘法运算，需要比较长的计算时间。1952 年，他又发展了一种新的相位切换干涉仪，这种干涉仪分别记录相关量的正弦和余弦分量，从而用计算量小得多的加减运算来代替了繁复的乘法运算形式。

早期射电干涉仪适用的波长很长，达到 7.9 米，它所需要的望远镜精度低，所允许的形状误差达 39 厘米，很容易实现。不过它的角分辨率也低，只有 2.2 度。后期的射电干涉仪所适用的波长越来越短，获得的角分辨率也逐步提高。

关于赖尔，据说他脾气不好，在工作中很难和同事相处，而且为了保持剑桥大学的学术优势，他常常对同行也采取技术保密的态度。

05

早期的大尺寸射电天线

第二次世界大战以后，借助于战后退役下来的雷达天线设备，射电天文学立即在欧洲、北美和澳大利亚获得显著的发展。1948 年悉尼无线电物理实验室的博尔顿利用海岸峭壁上的镜像干涉仪发现独立的、同时具有光学辐射的射电源，这就是通常所说的射电星。这些射电星角直径很小并具有光学辐射。在射电接收器上，射电星发出的辐射信号有不断闪烁的现象。1949 年博尔顿证明了这种射电闪烁是由地球大气中电离层高度不断变化所引起的，不是射电星辐射本身的原因。

1951 年复活节早晨，美国哈佛大学的射电望远镜第一次发现了天体中的中性氢谱线。很快德国科特维克小组也利用口径 8 米的雷达天线证实了中性氢谱线的发现。1963 年在美国林肯实验室 25 米射电望远镜上，首次发现了星际分子羟基（-OH）的谱线。射电频段中分子谱线的发现引起了人们对地外生命的联想。

这些重要发现都是在望远镜口径逐渐增大的过程中所获得的。当射电望远镜尺寸大的时候，它所接收的信号信噪比大，因此就能够探测到非常微弱的信号。同时随着望远镜口径的增大，望远镜的角分辨率也相应会增大。射电望远镜和光学望远镜有一点不同。当光学望远镜口径大于 10 厘米时，地球大气扰动就会限制光学望远镜的角分辨率。而在射电波段，大气扰动对分辨率的影响很小，望远镜分辨率和口径大小成正比地不断增长。早期射电观测是在长波波段进行的，如长厘米波和米波，望远镜表面往往并不需要实心面板，可以采用金属丝网。早期射电望远镜的形式也主要是偶极子阵。射电望远镜的这些特点促进了一批早期大尺寸网状或者阵列射电天文望远镜的发展。

1953 年澳大利亚在东部海岸建设了一个口径为 21.9 米地洞式固定天线射电望远镜（图 15）。同年又建设了十分有名的米尔斯十字天线，这个十字形的天线有南北和东西两个长臂，每个臂长 450 米。天线工作在 85.5 兆赫频段（图 16）。

图 15　澳大利亚早期的地洞固定式的射电望远镜

图 16　米尔斯十字天线

1954 年荷兰韦斯特博克射电天文台建设了口径 25 米的抛物面射电天文望远镜。后来德国在 1956 年、美国在 1958 年、苏联在 1959 也分别建设了同样口径大小的抛物面射电天文望远镜。这些抛物面的面形是由金属丝网格建成的。

1963 年美国俄亥俄大学克劳斯建造了占地一个足球场的俄亥俄州立大学射

图 17　美国的“大耳朵”射电望远镜

图 18　苏联的 576 米的圆环形的射电望远镜

电天文台，又被称作“大耳朵”天线（图 17）。这台天线仍然使用金属丝网格反射面。关于这个巨型天线，克劳斯还专门出版了一本名为《大耳朵》的科普书。1974 年苏联建成了一台直径达 576 米的圆环形巨型波尔科夫射电天文望远镜，又名 RATAN 600 米射电望远镜（图 18）。这台巨型望远镜采用了金属薄板反射面，它有几个不同的焦点，可以进行不同目的的天文观测。

所有这些早期大射电望远镜的一个共同特点是它们的工作频率都比较低，望远镜的主反射面常常不是实心金属面板，而是金属丝编织成的网格。金属网格的透射损耗和网格金属丝的直径和波长比有关，直径波长比越大，损耗就越小。透射损耗同时和网格丝之间的距离和波长比相关，这个比值越大，透射损耗就越大。一般来讲，当网格的大小是波长的三十分之一时，透射损耗就十分可观。在米波以下，一般都要使用实心金属面板。

06

76 米洛弗尔射电望远镜

在建造大口径金属面板抛物面天线方面，第一台重要的天线就是英国曼彻斯特大学的 76 米焦德雷尔班克射电望远镜。1950 年他们开始提议建造这台射电望远镜，早期的计划中，天线表面由金属网格构成。1951 年宇宙中 21 厘米中性氢原子的发现使天文学家改变了计划，将金属网格式的表面变成了精度高的金属面板表面。望远镜所允许的表面误差在整个口径面内只有 1 厘米，这在当时是一个非常高的设计要求。

为了保证这台射电望远镜能够满足所要求的表面精度，它的设计动用了有史以来的第一台电子计算机，并且占用了当时的一台因纳克军用计算机整整一年的计算时间。这台巨大的射电望远镜总高度达 89 米，望远镜总重量高达 3200 吨。这个结构重量和后来德国所建造的 100 米可动天线的重量完全相同。

焦德雷尔班克 76 米射电望远镜（图 19）革命性地使用了地平式的望远镜支架系统，这种地平式的支撑系统之后被应用于绝大多数的大型射电天文望远镜的设计中。这台望远镜于 1957 年建成，正好赶上了苏联第一颗人造地球卫星的发射。

图 19　正在建设中的和已经完工的 76 米焦德雷尔班克射电望远镜

当时焦德雷尔班克 76 米射电望远镜是世界上口径最大的一台射电天文望远镜。这个世界纪录一直保持到 1972 年，那时德国成功地建造了一台 100 米口径的射电天文望远镜，埃费尔斯贝格望远镜。焦德雷尔班克望远镜的总预算是 60 万英镑，不过等到望远镜完成时，总共花掉了 67 万英镑。7 万英镑在当时是很大的一笔资金，所以整个课题组的人个个忧心忡忡，不知如何来偿还这一大笔债务。

焦德雷尔班克望远镜建成的同一年，第一颗苏联人造卫星发射升空，这一事件极大地帮了这台望远镜的忙。在当时的西方世界，它几乎是唯一可以追踪这颗人造卫星的科学仪器，连财大气粗的美国人也没有一台像样的大口径射电望远镜。一时间，曼彻斯特大学天文台成为媒体关注的中心，这个巨型望远镜自然而然成为记者们重点报道的对象。

正在被财务危机困扰的望远镜课题组一下子成了新闻界的宠儿，大量的专题报道和频繁的记者采访扩大了望远镜的社会影响，改善了他们的处境。当时甚至有一条绝密的信息，就是美国政府也请求英国政府来帮助美国来追踪它自己所发射的导弹。

焦德雷尔班克望远镜一下子成为当时西方世界唯一能抗衡苏联核武器攻击的早期预警装置。在这种背景下，1960 年英国汽车巨头伯纳德 · 洛弗尔勋爵主动解囊相助，支付了望远镜所欠的全部款项，并建立了洛弗尔基金来支持曼彻斯特大学射电实验室的正常工作。为此，射电实验室改名为曼彻斯特大学洛弗尔射电天文台，焦德雷尔班克望远镜也更名为洛弗尔射电望远镜。

在过去的几十年的时间内，洛弗尔射电望远镜经过了好几次的结构改造和调整，面板精度获得极大的改进和提高，望远镜的效率和使用频率范围也因此大为增加，现在这台望远镜的面形精度已经达到 1 毫米以下。英国的这台大口径射电望远镜在天文学上有着十分重要的位置，借助它的观测，1962 年天文学家发现了有名的致密射电源，这就是后来在天文界大热的类星体。1979 年洛弗尔射电望远镜又发现了重要的引力透镜现象，证实了爱因斯坦的早期设想。1993 年它还为美国找到了已经失去联系的火星空间探测器。1972 年德国 100 米口径埃菲尔斯伯格望远镜建成，76 米口径的洛弗尔射电天文望远镜就不再是射电天文望远镜中最醒目的主角了。

07 射电脉冲星的发现

在这些早期大口径射电天文望远镜中，1967 年建成的行星际闪烁阵列在射电天文史上发挥了极为重大的作用（图 20）。这是一台工作在频率 81.5 兆赫的偶极子阵射电天文望远镜。它的造价很低，只用了 1.5 万英镑。

行星际闪烁阵列在长 470 米、宽 45 米的很大范围内，树立有 1000 根柱子，安装了2048个偶极子天线，总共使用了24000个绝缘子和120千米的导线和电缆。借助于研究生廉价的劳动力，不过两年时间，望远镜就顺利建造成功。当时剑桥大学休伊什教授建造这台望远镜的目的是想通过它来观测类星体，他希望可以发现很多个类星体。在他的研究生中，有一位叫贝尔的小姐。贝尔是一位建筑师的女儿，她上的中学是一所教会学校。男女同学分班进行上课，当男生班上物理课的时候，女生班正是学习烹调和缝纫的时间。贝尔却对科学有天生的兴趣，幸运的是经过她父母和学校的周旋，她也能够参加男生班的物理课程。

进入大学以后，她选择了天文系，当时整个班级中就只有她一个女生。那个时代的英国，女子结婚以后，特别是有小孩以后，就只能成为家庭妇女。在科技界和

图 20 英国剑桥大学的行星际闪烁阵列以及贝尔小姐发现脉冲星的记录纸。记录纸上的箭头所指就是她所发现的第一个脉冲星的信号

很多就业领域，对妇女的歧视是一种十分普遍的现象。

贝尔参加了行星际闪烁阵列的建设，她按照教授的安排，进行正常的射电巡天工作。由于望远镜本身不动，一直指向天顶，所以它会随着地球的自转自动地一天扫描天空一次。对于天上它所经过的每一个天体，每天可以进行几分钟的短暂观测。

因为这台望远镜专门研究射电源所发出信号闪烁不定的快速变化，所以望远镜的接收器时间分辨率高达 0.1 秒。从 1967 年望远镜建成后，贝尔按照计划对天上的射电源进行反复观测，这样的观测几乎每周重复一次。通过 6 个月的观测，记录纸上的原始记录已经积累了将近 5.6 千米长。在众多的噪声和信号之间，贝尔突然发现有一小段仅仅 3 到 4 毫米长的微小的振荡信号。它的振荡周期大概是 1.33 秒。发现这一信号后，贝尔又回过头来，从过去积累的 5000 多米长的记录中，查找到了另外 3 个非常相似的信号。

贝尔立即将这个发现报告给她的导师。究竟是什么样的天体才会产生这样的高频振荡信号呢？恒星一般体积都很大，由于它的自转或者其他原因会产生的一些周期长的、变化频率低的振荡信号。但是在巨大的宇宙中，却很难有什么星体会产生这种高频率的快速振荡信号。对于天文学家来说，在当时发现这样的信号，似乎只有一个原因，那就是地球以外存在着一种高级生命，他们同样掌握无线电技术，所以才能发出这样的高频射电脉冲信号。是不是有什么“小绿人”在遥远星体上要和我们取得联系呢？不过这种判断仅仅是一种想象，并不能作为正式的解释。她的导师也亲自查看了记录纸，认为唯一可以确定的是这个信号确实来自外太空。

如果不是所谓的“小绿人”，有没有可能是因为雷达信号从月球上或者其他卫星上反射回来所造成的呢？有没有可能是记录仪发生振荡所造成的呢？不过这个信号具有周期性重复的特点，所以看起来并不是记录仪本身形成的误差。如果确实是“小绿人”发出的信号，那么他们所在的行星会围绕恒星进行转动，这样就会引起振荡频率的多普勒效应，频率会产生变化。通过对频率的精确测量发现，这个信号频率只有很微小的变化，而这一变化明显是由地球的相对运动所引起的。

贝尔小姐的研究生学习已经好几年了，她急于完成自己的博士论文。想不到不知哪里来的“小绿人”，利用她的天线频率来和她逗乐。不久她又发现了一个周期为 1.2 秒的新的脉冲信号。在不算很长的时间内，她总共发现了 4 个周期性重复的奇怪信号。

由于对这个特殊信号的物理机制存在疑问，不能进行正确解释，剑桥大学天文系一直不敢向外界透露这一重要发现。后来有一位叫戈尔德的天文学家发现，快速旋转的中子星可能会发生这种脉冲现象，正确地解释了周期性信号产生的原因，这已经是 6 个月以后的事了。所以脉冲星发现的消息是在信号发现 6 个月以后才正式对外公布的。

贝尔发现的第一颗脉冲星的周期为 1.3 秒。后来报道这个发现的论文于 1968 年 2 月在《自然》杂志上发表。由于这篇论文的第一作者是她的导师，而贝尔是第二作者，所以 1974 年她的导师休伊什因为脉冲星的发现而获得诺贝尔奖，贝尔小姐却无缘这一奖项。

诺贝尔奖颁布以后，很多天文学家为贝尔小姐打抱不平，认为贝尔是这个工作的主要研究人员，这一决定是评奖小组的严重过失。因为贝尔的原因，后来在脉冲双星观测中证实引力波的评奖过程中，同样是研究生的赫尔斯和他的导师泰勒共同分享了诺贝尔奖的荣誉。

贝尔在完成她的博士学位后，曾在南安普敦大学、伦敦大学学院和爱丁堡皇家天文台工作。此外，她也是英国公开大学的讲师和教授。虽然她未能与休伊什共享 1974 年诺贝尔物理学奖，但她后来也被许多其他机构颁发了奖章。2007 年 6 月她被英国女王封为大英帝国的爵士。贝尔多才多艺，她还获得过皇家音乐学会的钢琴演奏证书。

早期的射电天线大部分都是金属网格天线，它们只能在低频波段使用。尽管它们的面积或者尺寸很大，但是由于分辨率是与频率成正比的，所以分辨率都很低，不能够辨认出十分精细的天体目标。同时这些射电天线常常是固定在地面上的，所以它们并不能观测所有的天区。为了能够在更广阔的频段上对天体进行观测，获得更高的分辨率，也为了能观测全部天区，探测远远低于天线噪声的射电天文信息，就必须使用大口径、全天区、实心金属面板的精密抛物面射电天文望远镜。

08

阿雷西博300米射电望远镜

图21 阿雷西博300米固定口径射电望远镜

1958年康奈尔大学的戈登教授为了研究地球电离层，提议在波多黎各阿雷西博的石灰岩山谷之中建造一台集雷达和射电望远镜为一体的大型电离层观测设备。这个设备显然可以用来监视新近发展的人造地球卫星和洲际弹道导弹，同时可以支持美国航天局后来实行的总投资为254亿美元的阿波罗计划。另外由于电离层对无线电通信、广播、导航等都有很大影响，所以这个提案在第二年就获得批准。1960年，位于阿雷西博的300米固定口径的电离层望远镜开始建设，1963年这台当时世界上口径最大的射电天文望远镜顺利建成（图21）。

这台大口径的天文望远镜总共有38778块1米宽、2米长的铝面板。面板上的小孔允许44%的太阳光透过面板，射到面板后面的地面上。这些铝面板的总重量是 350 吨。一直到 2015 年，阿雷西博射电望远镜仍然是世界上口径最大，也是最为灵敏的射电天文望远镜。2016 年中国国家天文台建成的口径 500 米口径球面射电望远镜取代了阿雷西博射电望远镜世界第一的地位。

300 米口径的固定天线射电望远镜和其他的射电天文望远镜有两个根本的区别：第一，它的反射面是固定不动的，只能依靠接收器的移动来跟踪天上的目标；第二，它的主反射面不是抛物面，而是球面。大家都知道抛物面只有一个对称轴线，凡是和这个对称轴平行光线都会聚于它的焦点上。而球面则不一样，凡是通过球心的直线都是球面的对称线，而平行于某一个球面对称线的光线都将聚集在这个对称线上的焦点附近。所以一个球面有一个同样的以球心为中心的球形焦面，球形焦面的半径是球面半径的一半。

在球面主镜的望远镜中，电磁波的聚焦不如抛物面那样理想，它的像斑具有球差。所以在 300 米射电望远镜的馈源室内有一个比较复杂的消除球差的光学系统。这个系统包括了两个形状特殊的偏轴反射面和一个喇叭馈源。在这台望远镜上，同时配置了具有三个频率的主动雷达发射器，可以利用反射面向外太空发射雷达波，而望远镜可以接收到反射回来的雷达波。

尽管石灰石的地面已经有一个下凹的近似球面的大坑，为了建设 300 米的大口径望远镜，仍然需要开挖 20 万立方米的土方，同时还要另外再增加 15 万立方米的基建土方。望远镜的巨大的馈源舱是由三个十分高大的铁塔支撑的，一个铁塔的高度为 111 米，另外两个高度为 80 米。111 米高的铁塔基础总共使用了 7000 立方米的混凝土水泥，这相当于 1000 辆卡车的运输能力。为了供应这么多的水泥，不得不在工地上专门建设一个混凝土生产工厂。每个 80 米高的铁塔基础也需要连续浇灌 16 天，整个基础的尺寸是 3.5 米 × 3.5 米，深度是 4.5 米。望远镜的馈源舱高高悬挂于地面以上 150 米的高处，馈源舱的总重量在早期是 550 吨，后来采用了格里高利焦点，使其重量增加到 900 吨。馈源舱的所有重量全部由三根 8 厘米直径的钢索来支撑。

300 米固定球面射电望远镜的面形原来全部是金属网格，球面的半径为 265 米。望远镜只能在波长 50 厘米以上，即 60 兆赫频率以下的长波范围内使用。它的作用可以像雷达一样，通过反射面向电离层发出无线电波，然后接收从电离层返回的回声信号。不过现在它更多是用作射电天文望远镜，被动地接收来自外太空的射电信号。

1964 年 4 月，阿雷西博射电望远镜建成不久，就向水星表面发射了雷达信号。水星的公转周期当时被认为是 59 天，经过雷达实测以后才更改为 88 天。这台射电望远镜在 1969 年以前隶属于美国国防部，它的特别任务之一就是截获和分析当时苏联在北极海岸地区所部署的雷达的信号，阿雷西博射电望远镜可以截获到雷达经过月球表面反射回来的信号。1969 年这台射电望远镜才正式转交给美国的国家科学基金会。阿雷西博天文台于 1971 年更名为美国国家天文和电离层中心。

1974 年阿雷西博射电望远镜球面表面的网格面板全部被更新为十分精密的金属实心面板，其工作波长一下子延伸到了 5 厘米的厘米波波段。在这种情况下，它的灵敏度和方向性更是任何其他射电天文望远镜所不可比拟的。

在新面板启用后不久，两个天文学家赫尔斯和泰勒便立即在这个望远镜上发现了一颗不同寻常的脉冲双星。这颗脉冲双星的脉冲周期为 59 毫秒，并且同时有一个 7.75 小时的双星轨道运转周期。脉冲星和它的伴星不停地进行二体运动，这一点吸引了他们的注意。以后赫尔斯和泰勒又不间断地对这颗脉冲双星的轨道周期进行了非常精密的跟踪测量。测量的结果表明这颗双星的轨道周期在不断地减少，在 30 年间减少了 40 秒。而周期减少对应的能量变化正好和它们的二体运动所发出引力波的能量相当。1982 年赫尔斯和泰勒发表了利用这些观测数据来间接证实引力波存在的论文。

根据爱因斯坦的引力波理论，对于一个双星体系，由于相互之间引力的存在，两个质量块将会进行变速度运动。而这种双质量的变速运动会向空间不断地发出以光速传播的引力波。引力波的传播会使双星系统失去能量，能量的损失又会使双星之间的距离减小，双星运动的轨道周期也会变小。

在爱因斯坦发表广义相对论以后，他关于引力会使空间场发生弯曲的推论在天文观测中已经得到证实。星光在经过太阳边缘时会产生弯曲，同时质量的集中会产生引力透镜现象。而他的关于引力波和引力波的传播会引起二体系统能量损失的说法，在这一观测以前，还从来没有任何线索。赫尔斯和泰勒的工作间接证明了引力波的存在和引力波具有能量的论断。1993 年他们两人因为这项重要工作获得了诺贝尔物理学奖。

除了发现水星的自转周期和引力波与双星系统能量之间的关系外，1982 年在阿雷西博射电望远镜上还首次观测到了毫秒级的脉冲星。另外在寻找地外文明工作中，这台望远镜也发挥了很大作用。

图 22　地震后一个支撑钢缆被破坏的情景

1997 年阿雷西博射电望远镜的接收器进行了重大改进，在接收器室增加了改正球差的 22 米尺寸的第二镜和 9 米尺寸的第三镜，这样望远镜就不再使用简单的线形馈源，而可以使用普通馈源。2014 年 1 月 13 日，望远镜所在地发生 6.4 级地震，一个支撑钢缆被破坏，望远镜修复工作持续了 2 个月（图 22）。2020 年底，阿雷西博射电望远镜在两次严重钢缆断裂事故后完全报废，结束了它的观测使命。

09

帕克斯 64 米射电望远镜

图 23　64 米帕克斯射电天文望远镜

1961 年澳大利亚建成了口径达 64 米的帕克斯射电望远镜（图 23）。这台射电望远镜长期以来一直是南半球口径最大的射电望远镜，直到现在它仍然是澳大利亚众多射电望远镜中的领头羊。帕克斯射电望远镜的主反射面板是抛物面，中心区域是实心的金属面板，周边是金属网格。它的高度轴比较低，所以不能观测十分接近地平线的天体目标。

1962 年美国发射了水手一号探测器，探测器成功地掠过金星的表面，并拍下了金星的近距离照片。帕克斯射电望远镜在探测器发射过程中发挥了十分重要的作用。它一直跟踪这个探测器，并且帮助它正确地进入了轨道。1967 年天文学家施密特利用帕克斯射电望远镜，第一次发现了类星体这种特殊天体。

当年，德国出身的施密特利用月球掩星的机会，使用帕克斯射电望远镜仔细观测了一个名叫 3C 273 的天体。施密特有备而来，通过光学望远镜他已经详细地观测了这颗天体的光学光谱。因为此时天体的高度角非常低，已经超过了帕克斯射电望远镜的高度角使用范围。但是施密特并不想错过这个观测机会，他甚至去除望远镜传动机构的保护罩子，同时封锁了望远镜的周围区域。

在这次观测中，施密特成功地获得了 3C 273 的一条重要谱线。不过他为了解释这一观测结果用了好几个月的时间，最后才了解到原来这条陌生的谱线正是哈勃所讲的经过巨大红移以后的氢原子谱线。3C 273 的特别之处是从来没有发现任何一个天体会有如此大的红移，这个特别的红移大小为 0.158。因为红移的大小直接和天体到地球的距离相关，所以这个天体的距离应该是非常惊人的 20 亿光年。因为有了这个距离，所以天体本身的亮度也应该非常非常明亮，它实际上是一颗活动星系核。施密特第一次使用了类星体这个名字来称呼这种类型的天体。从此以后，天文学家很快又发现了很多个类星体。类星体的发现使施密特获得了凯利天文奖。

帕克斯射电天文望远镜在其他工作中也均发挥了重要作用，如脉冲星相关研究工作、1969 年阿波罗登月时的电视信号转播工作、南天射电巡天、1996 年伽利略探测器对木星的观测工作，等等。现在经过面板调整后的帕克斯射电天文望远镜已经可以在波长 1.3 厘米的厘米波段进行观测。

1961 年美国在南非建成 26 米的深空探测望远镜。几乎同时，美国又先后在美国本土、澳大利亚和西班牙三地分别建成了 3 台 70 米口径的深空探测射电望远镜。1962 年美国国家射电天文台建成了 90 米口径的射电天文望远镜（图 24）。这台望远镜在 1988 年冬天突然倒塌，促成了 100 米口径绿岸射电望远镜的建设。

图 24　美国国家射电天文台 90 米射电望远镜以及它在 1988 年倒塌的照片

10 现代宇宙学和微波背景辐射

从 20 世纪开始，在理论物理和实测天文学领域，新的思想和新的观测成果不断涌现。其中最重要的就是爱因斯坦广义相对论的发表和哈勃的遥远星系光谱发生红移的观测结果。在爱因斯坦看来，所谓引力实际上是时空弯曲和变形的一种表现，欧几里得的绝对时空被爱因斯坦的弯曲时空所代替。爱因斯坦还解决了经典牛顿力学和麦克斯韦电磁学的不相容问题。

爱因斯坦的宇宙可以是发散的，可以是稳态的，也可以是收缩的。而哈勃对河外星系的光谱观测发现，位于深空中天体光谱具有明显的多普勒红移，这种红移表明它们不断地向离开地球的方向飞去。哈勃测量的天体膨胀速度与天体和地球的距离成正比，这个比例常数就是哈勃常数。这一观测事实不符合传统的稳态宇宙的理论，证明了我们所处的宇宙是一个体积不断膨胀的空间区域。正是这一点促成了现代宇宙学的诞生。

有了天体的不断膨胀，空间中的天体将越来越稀疏。如果倒回去说，则是越回到早期，天体就越密集。今天我们所看到的一切天体都是在过去那个密集时代以后产生的。利用当代测量的哈勃常数的倒数可以计算出这个天体密集时代大约发生在十亿年以前。

但是这个计算出的上限显然是太小了，地质学证明地球已经有几十亿年的历史。根据同位素年代学，太阳系的年龄约为 46 亿年。由赫罗图推定，一些老的星团大约有 160 亿年的历史。这些年龄都大大超过宇宙膨胀所给出的年龄，因此宇宙膨胀理论一度受到了怀疑。

为了摆脱这种困境，后来又出现了稳恒态宇宙模型。这个模型主张宇宙在不断膨胀，在膨胀的同时，宇宙中会不断有物质产生，以弥补膨胀时的密度损失。随后天文学家开展了对不同距离上天体密度的比较，即天文计数的工作。20 世纪 60 年代，射电天文学家做了射电源的计数工作，结果发现射电源密度随距离不同有着明显变化，这就使得稳恒态宇宙模型也受到质疑。

同时，观测宇宙学家发现，哈勃用以测定距离的标尺存在问题。首先变星的光度标准不准确，哈勃没有分清楚所存在的两类变星，以致他所测量的距离比实际的距离小。加入这个距离修正以后，河外星系的实际距离要加大到近一倍。后来又发现，使用最亮的恒星作标尺时也有距离上的混淆，某些被认为是亮恒星的天体实际是一些等离子体发光区。这个修正的加入，会使距离会进一步加大。总的结果导致哈勃常数的数值完全改变了。按目前的测量，哈勃常数的倒数是 200 亿年。这个时间长度大于所有天体的年龄，使宇宙膨胀论的年龄困难不复存在。

在这期间，天文界不断出现各种宇宙膨胀模型，比利时人勒梅特首先提出宇宙大爆炸的想法，并得到一些观测的证实。大爆炸宇宙论经过伽莫夫的完善，发展得十分成熟。

按照大爆炸宇宙论，宇宙的演化可以分为三个阶段。

第一阶段是宇宙的极早期，那时宇宙温度极高，在百亿度以上，物质密度也很大，整个体系达到一种平衡。那时没有地球、太阳和各种天体，只有质子、中子、电子、光子和中微子等。宇宙处于这一阶段的时间很短，也许只有不到一分钟。因为整个体系不断膨胀，温度迅速下降，而进入第二阶段。

在第二阶段，中子失去自由存在的条件，或者发生衰变，或者与质子结合形成氘及氦等核素，化学元素从这一时期才开始形成。由于整个宇宙体系仍然在膨胀，当温度下降到百万开以后，形成化学元素的过程也随之结束。这一时期宇宙间的物质主要是质子、电子和一些轻的原子核。光辐射依然非常强烈，宇宙仍然是一个没有星星的世界。当温度降到几千开时，光辐射作用减退到次要地位，第二阶段也随之结束，这个阶段历时约数万年。

在第三阶段，宇宙中一开始时充满了气体状物质，随后气体云逐步凝聚成各种恒星和星系。在亿万颗恒星中，有一颗就是我们的太阳。在太阳系的不断演化中，诞生了十分独特的人类。

这个大爆炸理论可以非常完美地解释为什么恒星中往往存在很多氦和氘的现象，而其他的宇宙理论就很难解释这种现象。不过大爆炸宇宙论即使到了伽莫夫时代（20 世纪 40 年代）还没有得到完全的认同。其中最重要的一点就是大爆炸宇宙论所预言的微波背景辐射还没有被人发现。微波背景辐射即充斥于整个宇宙空间的、在宇宙诞生初期温度为十亿开时残留的电磁辐射。这个残余辐射相当于绝对温度为 3 开的黑体辐射。理论的威力在于预言，如果连理论所预言的东西都没有被发现，又如何让人相信这个理论呢?

为了找到微波背景辐射，许多学者如美国的迪克、威尔金森等人开始着手制造低噪声天线来进行探测。不过这时已经有人捷足先登了。1963 年在美国电报电话公司的贝尔实验室，两位学者彭齐亚斯和威尔逊利用一台已经被废弃的喇叭形 6.1 米天线（图 25）对射电源的

图 25 发现天空背景噪声的 6.1 米喇叭形天线

绝对强度进行测量。他们对所测量的信号温度和噪声温度一项一项地进行分解和分析，并且经过十分精细的计算，最后发现总有 3.5 ± 1 开的噪声温度没有任何来源。而且这个噪声和射电天线的指向无关，即不管天线指向天空什么方向，也不管是在哪一天进行测量，它总是存在。到 1965 年他们仍然只知道这个噪声的存在，并不知道其来源。后来一位叫迪克的天文学家帮助他们解释了这个多余噪声温度的现象，原来这就是宇宙大爆炸以后的背景温度。1978 年彭齐亚斯和威尔逊因为他们的一篇关于天空背景噪声温度的、短短 600 字的实验报告而获得了诺贝尔物理学奖。

1990 年笔者有幸访问了这个十分有名的美国电报电话公司的贝尔实验室，见到了这位射电天文界的知名人士威尔逊研究员，彭齐亚斯当时已经不在贝尔实验室了。因为我是中国人，所以在实验室里走动必须全程由主人陪同。这个实验室具有众多的发明和专利，有名的三极管、集成电路就在这里诞生。实验室不大，当时仍然保留有一个非常小的四人天文研究小组。我专门为他们 4 个人做了天线优化设计的报告。报告之后，我受到威尔逊的高度评价，被称为“少数懂望远镜的人”。不过主人告诉我，公司决定要在当年关闭这个天文小组，仅仅保留威尔逊一个人的位置，他们中的其他 3 个人将奔赴其他天文台或者大学。因为威尔逊有诺贝尔奖，所以公司仍然必须保留他的职务。几年以后，我在哈佛大学天文台又一次见到了威尔逊先生，他已经从贝尔实验室转到了哈佛大学天文台工作。回忆他在电报电话公司的最后几年，他说他在贝尔实验室的后期，主要的任务就是用他的名声去会见潜在客户，陪伴客户吃饭，为电报电话公司去争取合同，成了名副其实的“公关先生”。这样干了几年，觉得实在没有意义，他才决定转到哈佛大学天文台工作。

11

100 米口径射电望远镜

20 世纪 60 年代，一批大口径射电望远镜先后投入使用。1961 年美国航天局在南非安装了 26 米射电望远镜（图 26），这台望远镜直到现在都是非洲最大的射电望远镜。在望远镜设计的理论方面，1962 年美国人罗斯发表了关于天线表面误差对效率影响的天线误差理论。 1966 年加拿大建成了 46 米阿尔冈金射电望远镜（图 27）。1967 年美国国家射电天文台冯洪讷提出天线背架保形设计的思想。根据这个想法，天线的表面在重力作用下不需要限制背架结构的绝对变形量，变形可以超过使用波长的二十分之一，重要的是要将天线背架从原有的抛物面形状变化为另一个参数不同的抛物面形状。这样就可以打破在天线结构设计上的重力变形限制，建造口径更大的可动天线。同时在这个时期，计算机有限元法的结构分析发展十分迅速，已经进入实际应用阶段。

1969 年悉尼大学电子工程系主任，联邦科学和工业研究组织射电天文学家克里斯琴森发表了第一本关于射电望远镜专著《射电望远镜》。他是澳大利亚 1957 年建造的太阳射电望远镜阵（图 28）的推动者。克里斯琴森对中国比较友好，他曾经帮助当时的北京天文台建造密云综合孔径望远镜（图29）。1970 年荷兰建成由 14 台 25 米射电天线组成的综合孔径望远镜（图 30 ）。

图 26　南非 26 米深空探测射电望远镜

图 27　加拿大 46 米阿尔冈金射电望远镜

图 28　澳大利亚太阳射电望远镜阵

图 29　中国早期密云米波综合孔径望远镜

图 30　荷兰早期的综合孔径射电望远镜

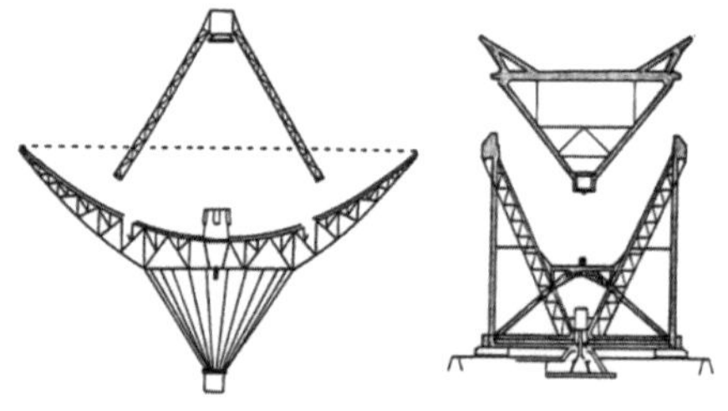

图 31　德国 100 米射电望远镜和它的结构设计

1972 年，根据保形设计理论，德国建成了世界最大的口径 100 米埃菲尔斯伯格望远镜（图 31）。在现代有限元计算方法的帮助下，这台望远镜总重量也正好是 3200 吨，和 76 米口径的洛弗尔射电望远镜完全相同。它的结构具有轴对称的特点，望远镜的转动十分灵活。在 12 分钟内就可以在地平方向转动 360 度。它在高度轴上有一个直径 28 米的巨大齿轮，每分钟可以在高度角上转动 16 度。它的每一个面板均安装有可以调整的支撑结构。经过多次精密调整，现在这台 100 米口径的射电天文望远镜已经可以在 3 厘米的短波波段上工作了。

埃菲尔斯伯格望远镜的结构非常对称，它巨大的背架在光轴方向上像一把大雨伞面一样支撑在一圈圆周对称的支撑杆的上面。背架表面的变形量十分均匀。经过变形后的背架形状可以很容易地用一个新的抛物面来拟合。这台大口径射电天文望远镜灵敏度很高，效率也很高，利用它发现了无数非常暗弱的射电天体。

由于射电望远镜和接收机的设计和制造水平的不断提高，美国国家射电天文台在 1968 年建造了第一台 12 米口径的毫米波天文望远镜（图 32）。早期的毫米波天线质量不好，效率很低。1983 年这台望远镜经过全面改造，更换了整个主反射面背架，精度大大提高，表面误差只有 25 微米。由于在毫米波段密集地分布着多种分子谱线，1970 年，12 米毫米波天文望远镜发现了来自天体的一氧化碳谱线，之后这台望远镜又发现了很多其他分子谱线，在研究星际介质的组成和演化方面发挥了很大作用。

图 32　美国国家射电天文台 12 米毫米波望远镜

在中国，1986 年，紫金山天文台在青海德令哈观测站建成 13.7 米毫米波望远镜（图 33）。1990 年，上海天文台在佘山观测站建成 25 米射电望远镜（图 34）。后来，国家天文台又在乌鲁木齐天文站南山基地建设了另一台 25 米射电望远镜。

1992 年俄罗斯建成了一台 70 米口径叶夫帕托里亚 RT-70 射电望远镜(图 35)。这些新的大口径射电天文望远镜成为了新一代甚长基线干涉仪中的重要组成部分。

图 33　中国紫金山天文台 13.7 米毫米波望远镜

图 34　中国上海天文台佘山 25 米射电望远镜

图 35　俄罗斯 70 米口径叶夫帕托里亚 RT-70 射电望远镜

12 新一代射电成像干涉仪

继德国 100 米埃菲尔斯伯格望远镜的建成之后，射电天文望远镜发展史上的另一件大事就是 1980 年美国建成了综合孔径射电望远镜，甚大阵。

第二次世界大战后，英国迅速成为射电天文学科最先进的国家。在单口径射电望远镜上，它拥有 76 米口径的洛弗尔射电望远镜；在射电干涉仪方面，它拥有剑桥大学 5 千米综合孔径射电望远镜。当时苏联也拥有一台 576 米圆环形射电天文望远镜，RATAN 600 米射电望远镜。而在美国，仅仅有一些口径很小的射电天文望远镜。为了跟踪监视自己发射的导弹，美国不得不向英国洛弗尔射电望远镜求援，这无疑是一个无法接受的事实。

为了改变美国在射电天文望远镜上的落后状况，格林斯坦提议他所在的加州理工学院投资建设一台射电天文望远镜，但是大学当局对这个提议持谨慎态度。1954 年格林斯坦在华盛顿举办了一次国际射电天文会议，这才引起美国对射电天文望远镜的兴趣。1956 年美国国家科学基金会主持成立了美国国家射电天文台。

这个射电天文台成立后的第一项任务就是要分别建造 25 米、42 米和 180 米三台国家级射电望远镜。1958 年 42 米射电天文望远镜在西弗吉尼亚动工，180 米可动射电天文望远镜的基础也由海军天文台建成。不过在具体设计中，他们发现在当时条件下 180 米射电天文望远镜的结构设计十分困难，它们难以支撑直径达 180 米的抛物面天线反射体，这项巨大的工程不得不半途而废，仅仅留下它高出地面的圆环形基础。

1960 年美国国家射电天文台将望远镜口径减少到 90 米。两年后这台仅仅能在子午面内上下运动的、结构十分单薄的 90 米射电天文望远镜建成并投入使用。1963 年 25 米射电天文望远镜建成并投入使用。1965 年 42 米射电天文望远镜也顺利建成并投入使用。

为了试验射电干涉仪，1964 年美国国家射电天文台又建成了一台位置可以移动的 25 米射电天文望远镜。使用相隔一定距离的两台 25 米射电天文望远镜，对准同一个射电源进行观测，由于射电源到两个天线的距离有差别，信号之间存在一个光程差。通过测量这两个信号之间的光程差，即相位差，就可以确定源在基线方向上的能量分布情况。两个射电信号经过干涉以后的强度常常被称为干涉条纹。当年美国国家射电天文台获得了第一个干涉条纹。和光学天文望远镜不一样，射电天文望远镜必须使用专门的接收机、本振源、放大器和相关器等等电子仪器，所以天文台必须拥有相当数量的电子技术工程师。

单一射电望远镜的分辨率是波长和口径的比，由于射电波长是光学波长的百万倍，所以射电望远镜的分辨率非常低，常常是几度甚至几十度，根本不能确定射电源在天球中的精确位置。提高射电望远镜分辨率的一个重要方法是使用两个以上的天线组成干涉仪，这时在分辨率的公式中天线之间的距离代替了天线口径，望远镜可以获得很高的角分辨率。由于射电波长很长，大气对射电相位的影响很小，在射电波段获得干涉条纹要比在光学波段容易得多。

早期的射电干涉仪是简单的偶极子阵，各个偶极子之间通过延迟线连接在一起，形成相位控制阵。然后通过相位控制、测量总信号量发现它们的最大和最小值的分布，从而确定射电源的方位。后来发展出了在两个互相垂直方向上分布的阵列式干涉仪。这种仪器中最有名的是米尔斯十字。再后来，发展出了相位切换干涉仪、相关干涉仪和综合孔径成像干涉仪。它们所测量的就不再是点源的位置，而是一片天区的射电图像，为此英国教授马丁·雷尔因为综合孔径方法而获得诺贝尔物理学奖。长期以来，英国人对自己的科学传统十分自豪。但是第二次世界大战以后，英国的经济和领导地位已经一落千丈。因此十分幽默的英国人在谈到很多技术问题时总是说："是我们英国人创造了技术，然后美国人将技术发展到极限，最后日本人将技术应用于批量生产，大大地赚取了可观的利润。"

图 36　美国甚大阵射电天文望远镜

在综合孔径射电干涉仪方面，确实是美国人将技术发展到了极限。1966 年美国国家射电天文台正式启动甚大阵综合孔径望远镜工程。1969 年甚大阵进入建设阶段。当时总预算是 2 百万美元。1972 年美国国会批准了甚大阵望远镜计划，总拨款 3 百万美元。这是一个包含 27 面大型天线的巨大的射电望远镜阵列。1975 年望远镜的第一台 25 米天线完工并交付天文台，1980 年甚大阵（图 36）全部建成。它所包括的 27 面口径 25 米的天线，每台重 230 吨。所有的天线分别安置在三条成 Y 形的铁轨轨道上，天线的位置可以通过铁轨不断改变。天线采用了主轴式的结构设计，适宜于在铁轨上移动天线位置。望远镜的工作波长最短达 0.7 厘米，角分辨率达到 0.05 角秒，它的灵敏度远远高出剑桥大学射电天线阵，分辨率是它的 12.5 倍。在射电天文的早期，大于 0.3 米的长波段射电观测受到电离层噪声的影响，所以很难获得长波段的射电源图像。后来天文学家发现，可以对这个噪声进行定标校正来消除它的影响，所以现在 4 米波长的射电图像也是可以获得的。

甚大阵在投入使用 20 年后，从 2000 年开始又进行了长达十年的扩展工作，新扩展的先进甚大阵综合孔径望远镜于 2012 年完成，被定名为央斯基甚大阵。望远镜的灵敏度、分辨率和使用频道又有了很大的提高和改善，现在天线之间的最大距离是 40 千米。新的相关器的计算能力是原有相关器能力的 80 倍。这使整个望远镜的综合能力提高了一个数量级。

最近一个称之为新一代甚大阵的巨大工程正在酝酿之中，新的阵列将横跨整个美国，天线的面数也将增加到几百台，天线口径在 19 米左右。如果这个项目建设成功，将会影响以后几十年的射电天文学的发展。

在美国甚大阵完成后，1983 年澳大利亚启动了自己的综合孔径射电望远镜工程。这个大型项目于 1988 年全部完成，总耗资 5 千万澳元，它的正式名称是澳大利亚望远镜致密阵（图 37）。它包括 6 面口径为 22 米的天线，这些天线同样可以在轨道上变换排列方式，形成不同的基线分布。在天线结构设计上，澳大利亚的与美国的不太一样，在美国天线设计中，副镜是一个偏轴非对称的表面，它的馈源位置偏离主镜轴线，不同频率的馈源分布在一个和主镜面对称的圆周上。而在澳大利亚天线上，副镜是一个轴对称的结构，不同频率的馈源可以通过一个偏心轴的转

图 37　澳大利亚望远镜致密阵

动，轮流到达卡塞格林焦点位置上。两者相比较，澳大利亚综合孔径望远镜具有更大的可用视场。

澳大利亚致密阵在规模和功能上均大大不如美国甚大阵，但是由于它地处南半球，可以看到不同的天区，使它具有了无可替代的作用，至今它仍然是在南半球性能最好的射电望远镜干涉仪之一。

图 38　印度的米波综合孔径望远镜

在新一代综合孔径干涉仪中，印度受到国力所限，选择了相对简单、但是常常被忽视的长波波段，于 1994 年建成了大型米波射电望远镜（图 38）。这个望远镜阵包括 30 面口径 45 米的天线。这些天线采用了附加预应力的轻型网状结构，网格的金属丝直径仅为 0.55 毫米，所以天线重量很轻，风阻很小，成本很低。它的工作波长从 7.9 米一直延伸到 21 厘米，可以观测河外星系中的原星团和一些脉冲星。并且，由于大型米波射电望远镜接近赤道，所以它可以覆盖很大的天区范围。

13 甚长基线干涉仪

在综合孔径望远镜中，天线之间的距离最多不过几十千米，它们的信号是通过馈线直接连接在一起的。这种馈线直接连接方法的最大距离有一个极限，大概是200千米。为了获得更高的射电望远镜的角分辨率，能不能再进一步将天线之间的距离增大到地球的直径，或者比地球的直径更大呢？这时就需要使用甚长基线干涉测量技术。

在甚大阵综合孔径望远镜中，各个天线之间都由波导线连接。天线之间的相位差经过延迟线补偿以后可以直接记录下来。但是当天线之间的距离非常大的时候，要用馈线来直接连接已经变得不太可能。唯一可行的是用距离很大的天线对中的每一个天线来对天体射电源进行独立观测，将观测信号分别记录下来，最后在一个大型计算机中进行数据处理，以获得每个天线对干涉观测的结果。在这种形式的干涉观测中，最重要的是要有相同的观测目标、相同的观测时间和相同的观测频段。其中相同的观测时间乃是实现观测信号之间干涉条纹产生的最重要的条件。

为了保证观测时间的精确同步，可以依靠已经发展得极其精密准确的原子钟。

原子钟的发明要归功于脉泽源的发明。脉泽和激光原理完全相同，它们都是从谐振装置中发出的频率宽度特别小的电磁波。当发出的这些电磁波的频段在可见光波段时，则称之为激光；如果这些电磁波的频段在射电频段，则称之为脉泽。1939 年汤斯从加州理工学院获得博士学位，当年加入贝尔实验室。他主要从事微波发生、真空管和磁学等方面工作。后来，汤斯转到固体物理领域，研究表面电子发射。一年以后，实验室转入战时状态，研究雷达轰炸系统。当时的雷达使用波长较长的 10 厘米和 3 厘米的电磁波，而军方为了使用体积小的发射接收天线来获得更好的方向精度，要求使用 1.25 厘米的波长。对于短信号，气体和水蒸气的吸收成为研究的重点。1948 年汤斯转到哥伦比亚大学，继续进行受激辐射探测气体分子波谱方面的研究工作。1953 年汤斯利用氨分子的受激辐射研制出波长为 1.25 厘米的谐振器，即脉泽源，并通过哥伦比亚大学申请了专利。

1956 年汤斯应邀担任贝尔实验室顾问。他知道，比微波波长短的红外线和可见光在研究波谱方面比微波脉泽更加有用。汤斯在贝尔实验室的同事肖洛也有这个想法，他们在《物理学评论》上发表论文，预言了激光发生器的前景。1960 年可见光红宝石激光器发明成功，同年休斯公司也制造了激光发生器。1964 年汤斯和苏联的两位物理学家获得诺贝尔物理学奖。汤斯的工作曾经受到有名的物理学家波尔以及其他诺贝尔奖获得者的怀疑和阻扰。他们几次要求他停止工作。汤斯于 2015 年 1 月 27 日去世，享年 99 岁。

后来物理学家又发现一些原子，比如铯、铷和氢，也同样会发出非常稳定、频率十分单一的微波辐射。这些谐振器或者振荡器可以用来制造十分精密的原子钟。用氢原子作为振荡器的原子钟称为氢钟；用铷原子作为振荡器的称为铷钟；用铯原子作为振荡器的称为铯钟。这种铯钟每一百万年的误差只有 1 秒。

在原子钟的帮助下，相距很远的天线对之间就不再需要互相连接的馈线。1967 年布罗特恩第一次获得了用原子钟计时的、不同天线信号之间所产生的干涉条纹。这个实验证明，在非常长的基线上也可能实现综合孔径望远镜的观测，应用这种技术的射电望远镜阵常常被称为甚长基线干涉网。

甚长基线干涉网常常利用已经有的射电望远镜作为基本单元。比如欧洲甚长基线干涉网就包括了欧洲多个国家的 14 台大小、形状各不相同的射电天文望远镜（图 39）。它的成员包括英国、德国、意大利、荷兰、瑞典、芬兰、西班牙、波兰等等。所有天线利用原子钟连接起来共同进行观测，可以提供很高的分辨能力。不过欧洲地域范围小，所获得的分辨率仍然有限。为了提高望远镜分辨率，欧洲甚长基线干涉网还常常和美国、中国以及南非国家的天线进行合作来实现全球范围内的甚长基线干涉测量。这种全球甚长基线干涉网的最高分辨率已经达到毫角秒的量级。

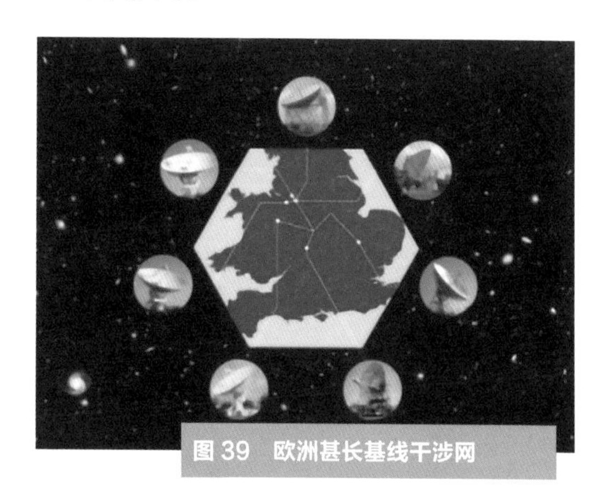

图 39　欧洲甚长基线干涉网

和欧洲甚长基线干涉阵不同，美国的甚长基线阵是一个专门建造的包括 10 台 25 米天线的大型干涉阵。它于 1982 年开始建设， 1993 年开始运行（图 40）。甚长基线阵横跨整个美国领土，西至夏威夷岛山顶，东达美国东海岸外的维尔京岛，天线跨越的基线达8600 千米。

图 40　美国甚长基线望远镜阵

望远镜总造价是 8500 万美元，每年运行费是 700 万美元。由于它的所有天线具有相同的尺寸和相同的设计，所以在数据处理的时候就远比欧洲甚长基线干涉网简单得多。

同样的原子钟技术可以应用于空间射电干涉仪中。1997 年日本发射了一面口径 8 米的空间射电望远镜（图 41），这台望远镜和地面已经存在的射电望远镜之间可以形成特殊的空间甚长基线干涉网。这时，干涉望远镜网的基线可以达到上万千米，分辨率可以达到 0.01 毫角秒量级。2005 年这面空间射电望远镜停止了工作。

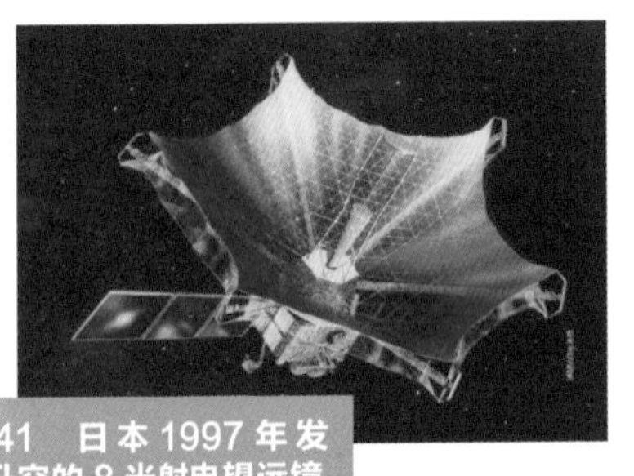

图 41　日本 1997 年发射升空的 8 米射电望远镜

图 42　俄罗斯发射的一面 10 米口径空间射电望远镜

2011 年 7 月俄罗斯发射了一面 10 米空间射电望远镜（图 42）。这台新的望远镜的椭圆轨道近地点是 600 千米，远地点是 35 万千米，从而又形成了一个新的空间甚长基线干涉网。这台空间射电望远镜是一个国际合作项目，很多国家都有参与。在望远镜的接收器中，92 厘米频段的接收器便是印度和俄罗斯制造的，18 厘米频段的是澳大利亚制造的，6 厘米频段的是俄罗斯制造的，1.35 厘米频段的是芬兰制造的。望远镜中的铷频率标准钟是瑞士制造的，氢频率标准钟是俄罗斯制造的。望远镜的跟踪由美国国家射电天文台负责。

1986 年上海天文台 25 米射电望远镜建成，1993 年乌鲁木齐天文台 25 米射电望远镜建成。再加上云南天文台的 10 米射电天线，以及后来的北京和上海天文台的 40 米和 65 米天线，中国也实现了自己的甚长基线干涉网的组网。其他国家如俄罗斯等，也有他们自己的甚长基线干涉网。

14 向毫米波和亚毫米波进军

在射电天文学中，电磁波中的毫米波段是分子谱线最为集中的一个区域。这对于天文学家研究生命起源有着很大意义。不过对于地球大气来说，只有当海拔高度相当高、大气层相当干燥时，对毫米波或者亚毫米波才是透明的。毫米波及太赫兹望远镜对于望远镜的表面精度和指向精度均要求很高。另外毫米波接收器技术起步晚，在 20 世纪 70 年代才开始研究，并逐渐进入实用阶段。

1968 年美国国家射电天文台在基特峰山顶建造了一台 12 米毫米波天文望远镜。这台望远镜质量很差，基本上达不到在毫米波段进行天文观测的要求。经过了数年使用和观测以后，1983 年射电天文台不得已对这台望远镜进行了大规模改造。这次改造更换了望远镜的全部面板和它的背架结构，大大提高了望远镜的面形精度和其他性能，使它成为当时精度最高的毫米波天文望远镜。

1970 年，利用 12 米毫米波望远镜，天文学家发现了一氧化碳谱线和很多其他分子谱线，对星际介质组成和演变的研究发挥了很大作用。

1976 年美国五大学射电天文台建设了一台口径 13.7 米的毫米波望远镜（图

图 43　美国五大学 13.7 米毫米波望远镜

43），这几乎是世界上第二台毫米波天文望远镜。它是一台在圆顶室保护下工作的毫米波望远镜，其背架由薄壁铝板的箱体组成。它仅仅设计了径向和切向的箱体构件，缺少对角线方向的刚性连接，天线体抗扭能力很低。早期毫米波望远镜常常依靠射电圆顶室的保护来保证望远镜所需要的面形和指向精度。但是圆顶室本身对毫米波有吸收，同时圆顶室布膜存在噪声发射，这种噪声信号随毫米波频率的提高而不断增大，另外在圆顶室内部空气中仍然存在上部和下部之间的温度梯度。所以总的说来，圆顶室的存在对观测是不利的。在后期一些精密亚毫米波天线中，望远镜常常不再使用圆顶室，而是直接暴露在大气环境之中。

当望远镜直接暴露在太阳、风和温度变化的影响下时，为了保持毫米波望远镜所需要的面形和指向精度，望远镜的结构，尤其是它的背架结构，常采用低膨胀碳纤维复合材料，抛物面反射面上常常采用可以调整的中小尺寸面板，望远镜结构的外表采用绝热保护层的设计。

1984 年法国毫米波天文研究所在西班牙建造了一台 30 米毫米波天文望远镜（图 44）。与此同时，伊拉克也花费巨资建造了一台几乎是同样的 30 米毫米波天文望远镜，可惜这台大口径天文望远镜刚刚在两伊边界附近安装完成不久，还没来得及进行任何天文观测，就在战争中作为一个战略目标被导弹击中而摧毁。这是有史以来在战争中被摧毁的最大的一台射电天文望远镜。

1986 年中国紫金山天文台在青海德令哈观测站建成一台 13.7 米毫米波天文望远镜（图 45）。这是中国在改革开放以后第一台从国外引进制造的毫米波望远镜。这台望远镜的设计者是美国爱斯科公司，它的设计和五大学 13.7 米毫米波望远镜基本相同，不过在天线体设计中增加了对角线方向上的扭力杆，增强了天线的整体刚度。之后使用这种设计的毫米波望远镜还有巴西和韩国的两个毫米波天文台。1982 年中国科学院和美国爱斯科公司签订了合作协议，美国方面提供图纸和精密的望远镜面板、电动机和控制器件等，而中国南京天文仪器厂则负责生产背架、反射面板和其他大部分零部件，同时负责天文望远镜的总体装配。另外中国方面将再为美方生产一套望远镜的背架结构以供应美方的客户。这是一个双赢的合作协议，中方从中获得一定技术和一台望远镜，而美方则获得利润和廉价的半成品。

经过 4 年的合作和努力，1986 年 13.7 米望远镜在青海德令哈成功安装。不过新安装后的毫米波天文望远镜观测任务很少，一度闲置在圆顶之内。这种状况是有原因的。在中国，熟悉毫米波观测的射电天文学家数量很少，另外望远镜位于国家西部的高原地区，很难吸引有兴趣的天文学家去观测。直到 20 世纪 90 年代，中国科学院开展知识创新工程后，13.7 米毫米波天文望远镜经过全面修整，才重新焕发了活力。经过一整代天文学家和工程师的努力，现在这台望远镜已经成为世界上最多产的毫米波天文望远镜之一。

1987 年，英国 - 荷兰 15 米麦克斯韦望远镜在夏威夷建成（图 46）。这也是一台保护在射电圆顶之中毫米波天文望远镜。它的背架是由钢管组成的空间桁架结

图 45　中国紫金山天文台在青海德令哈的 13.7 米毫米波望远镜

图 44　法国毫米波天文研究所的 30 米毫米波望远镜

图 46　英国 – 荷兰 15 米麦克斯韦望远镜

图 47　12 米瑞典 – 欧南台亚毫米波望远镜

构，桁架的节点全部是专门加工焊接的球形节点，背架的设计经过了计算机有限元计算和优化。麦克斯韦望远镜的反射面面板一共有 276 块，拥有铝膜、铝蜂窝和厚铝板的三明治结构。

同年，口径为 12 米的瑞典 – 欧南台亚毫米波望远镜在智利建成（图 47）。这台望远镜的副镜及副镜支撑全部由碳纤维复合材料制成。由于主反射面光洁度非常高，望远镜在可见光部分反射效率也很高。在望远镜使用不久，就发生过一次指向正对着太阳的严重事故。由于这次事故，它的副镜和副镜支撑杆的上部被严重烧毁。事故发生以后，瑞典－欧南台亚毫米波望远镜便在控制系统中增加了避免望远镜对准太阳的操作控制软件。

1988 年加州理工学院又建成了一台 10 米亚毫米波望远镜（图 48），即加州理工学院亚毫米波天文台，安装在夏威夷的山顶上。后来采用这种望远镜单元在加州死亡谷建成了一个毫米波天线阵。和其他毫米波望远镜不同，加州理工学院亚毫米波天文台采用了由六边形的铝蜂窝面板组成的反射面。反射面表面是在空气轴承上旋转天线本体并使用旋转铣头切屑加工成形的。该望远镜于 1987 年启用，在 2015 年停止运行。

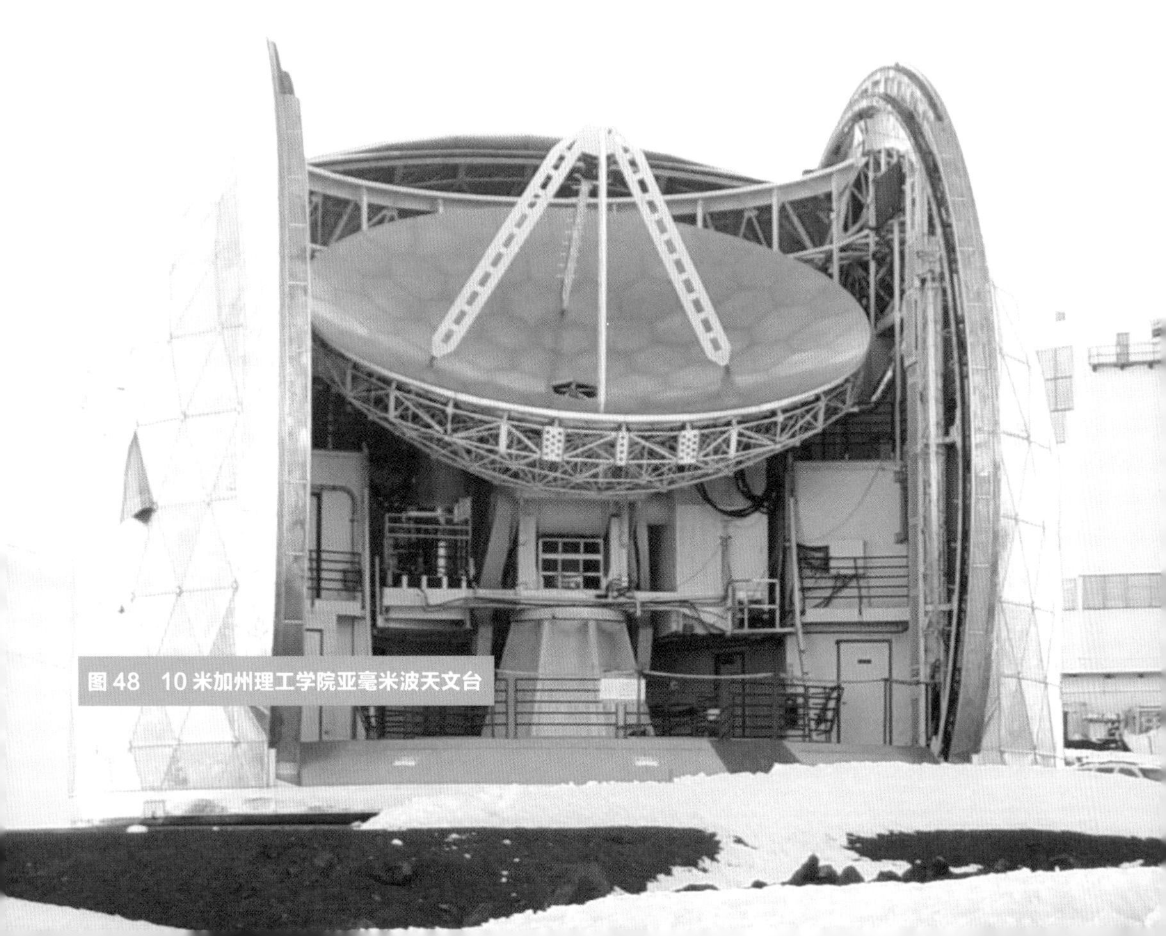

图 48　10 米加州理工学院亚毫米波天文台

1982 年日本在野边山建成了大口径 45 米毫米波天文望远镜（图 49）。这是亚洲最大的毫米波天文望远镜。1990 年巴西建成一台 13.7 米毫米波望远镜，这台以及后来的韩国 13.7 米毫米波天文望远镜同样是爱斯科公司的产品。

1995 年，德国和美国联合建造了 10 米 SMT 亚毫米波望远镜（图 50）。这是一台十分精密的亚毫米波望远镜。它的背架全部由碳纤维管件构成，面板则采用了薄铝膜碳纤维三明治复制面板。制造面板的模具是用光学玻璃材料抛光制成的。

1994 年，美国在南极建成一台口径为 1.7 米的亚毫米波望远镜（图 51）。2005 年美国在南极点附近建成了 10 米亚毫米波望远镜，SPT 南极点望远镜（图 52）。SPT 南极点望远镜采用偏轴光学设计。它的背架和 2007 年德国、荷兰和欧南台在智利的高原上建成的 12 米亚毫米波望远镜(阿塔卡探路者实验望远镜)(图 53) 一样，都沿用了阿塔卡马大型毫米 / 亚毫米波阵中美国天线的碳纤维铝蜂窝三明治结构。SPT 南极点望远镜除了接收器焦点部分，和阿塔卡马大型毫米 / 亚毫米波阵中望远镜的结构完全相同。

2008 年，来自墨西哥和美国的三个单位，其中包括一个军队单位，在墨西哥的一个山顶上联合建成了一台 50 米 LMT 大型毫米波望远镜（图 54）。来自墨西哥的投资占三分之二，美国方面占三分之一。工程总造价 1.8 亿美元，承建单位是德国的知名公司 MAN。LMT 大型毫米波望远镜是目前世界上口径最大的毫米波天文望远镜。

这台望远镜的面板制造单位是意大利的一个著名电铸公司。它同时承接了阿塔卡马大型毫米 / 亚毫米波阵的表面面板。在 LMT 大型毫米波望远镜上，面板共分为五圈，包括 180 块 5 米长、3 米宽的大面板。每一块大面板由 8 块子面板组成。它的子面板是一种由电铸镍制成的三明治铝蜂窝结构。每一块子面板的名义精度为 7 微米。大面板单元在安装前的调整精度为 20 微米到 30 微米。安装后的 3 大圈面板的精度小于 120 微米。

图 49　日本野边山 45 米射电望远镜

图 52　美国 10 米 SPT 南极点望远镜

图 50　德国和美国合作建造的 10 米 SMT 亚毫米波望远镜

图 53　位于智利山区的阿塔卡马探路者实验望远镜

图 51　南极 1.7 米亚毫米波望远镜

图 54　美国和墨西哥联合建造的 50 米 LMT 大型毫米波望远镜

LMT 大型毫米波望远镜的重量为 3200 吨，是继英国 76 米洛弗尔射电望远镜和德国 100 米埃菲尔斯伯格望远镜后又一台具有这个重量的大型射电望远镜工程。LMT 大型毫米波望远镜坐落在墨西哥中部海拔 4640 米的高山顶上，对南半球和北半球同样具有非常广阔的观测范围。之所以美国军方会出资，是因为他们要用这台毫米波天文望远镜来跟踪有关国家的近地人造卫星。

2012 年日本在智利建成了一台 10 米口径的亚毫米波望远镜。2010 年中国西藏的羊八井安装了一台 3 米亚毫米波天文望远镜，国家天文台中德亚毫米波望远镜（图 55）。

图 55　中国西藏羊八井的 3 米国家天文台中德亚毫米波望远镜

15

毫米波亚毫米波干涉仪

在毫米波天文望远镜发展的同时，毫米波成像干涉仪的技术也在不断进步。1988 年法国毫米波天文研究所在阿尔卑斯山高原上建成了由 3 台 15 米天线所组成的毫米波干涉阵。到 2005 年，这个望远镜阵的天线数增加到了 6 台（图 56）。这是世界上最早的毫米波干涉仪。

图 56　法国毫米波天文研究所的毫米波干涉仪

在法国毫米波干涉仪的运行过程中，因为山区交通不便，采用的主要交通工具是电缆车和直升飞机，曾发生过两次重大的交通事故，造成很多人死亡。第一次是电缆车本身的事故，第二次是直升飞机刮到电缆所引起的连带事故。两次事故均发生在 1999 年，分别是在 7 月和 12 月，总死亡人数高达 25 人。现在在山顶毫米波天文望远镜阵的台址上仍然保有一块墓碑，来纪念在这两起天文界有史以来的最重大的工程事故中不幸失去生命的人们。

2002 年美国在夏威夷大岛山顶上建设了 8 台 6 米天线组成亚毫米波天文干涉阵，SMA 亚毫米波射电望远镜阵（图 57）。干涉阵中的望远镜背架原本采用一种由单一方向轴向纤维排列的碳纤维挤压成形的管材。这种管材在它的圆周方向上没有碳纤维，因此严重缺乏温度的稳定性。当时望远镜是在冬季于波士顿安装的，半年以后气温升高，望远镜背架上的单向碳纤维管件纷纷自动脱落，无奈只好将原来购买的碳纤维挤压管件全部报废，重新安装上从台湾采购的用手工卷制的具有不同方向碳纤维分布的复合材料管件。

除了复合管件的选材问题以外，原来的望远镜设计在望远镜高度轴上，采用了螺纹丝杆的传动部件，没有考虑到重力平衡的问题。它完全依靠背架的自重来消除传动螺纹上的空回，但是这种传动装置在上升和下降时，所受到的力不是一个线性函数，使得望远镜难以用计算机进行控制。后来在不得已的情况下，只好全部重新再安装上望远镜主镜的平衡装置。由于这两个主要的设计错误，天线组的组长不得不辞去了他的工作。

图 57　美国夏威夷山顶的 6 米 SMA 亚毫米波射电望远镜阵

2006 年，加州联合毫米波望远镜阵（图 58），在原来各自独立的小规模毫米波干涉阵的基础上建成。这个新的加州望远镜阵包括 6 台加州理工学院天文台的 10.4 米毫米波望远镜阵，9 台原来属于伯克利 - 伊利诺伊 - 马里兰联合射电阵（BIMA 射电望远镜阵）的 6.1 米望远镜阵和 8 台 3.5 米毫米波天线阵。到这时，毫米波甚长基线的干涉实验已经基本成熟，可以实现精细的天文成像。

图 58　加州联合毫米波天线阵

图 59　规模巨大的阿塔卡马大型毫米 / 亚毫米波阵

2012 年，由美国、欧南台和日本等多个天文台历时 20 年联合建成的阿塔卡马大型毫米 / 亚毫米波阵（ALMA）（图 59）投入使用，它坐落在智利北部海拔 5000 米的高山之上。这个大规模的成像毫米波望远镜阵共包含 12 米天线 54 台，7 米天线 12 台，它的工作波段在 0.3 毫米至 9.6 毫米之间。望远镜工程的总经费超过 13 亿美元。ALMA 包括一个望远镜阵的主体，即 50 台 12 米天线，和一个由日本承担的致密阵。望远镜阵的主体由美国和欧洲平均分担制造，而致密阵中的 4 台 12 米和 12 台 7 米的天线则单独由日本生产。

1990 年，美国在建成甚长基线阵以后，其射电天文界就在酝酿一个由几十台 8 米左右天线所构成的毫米波天文干涉仪，这个项目的早期名称是毫米波射电望远镜阵（MMA）。当时美国国家射电天文台在图森的分台是负责这个项目的主要研究单位。1992 年 8 月天文台新招了一位天线结构专家，形成一个研究天线设计的专门小组。后来天线的直径经过优化确定为 12 米。不久欧南台也成立了一个专门小组，研究设计名为大口径南方毫米波阵（LSA）的项目。两个望远镜阵的方案几乎旗鼓相当，天线数量也差不多。为了提高望远镜的观测效率，很多天文学家建议将这两个大型望远镜阵的项目合并起来，形成一个大的综合孔径望远镜。

1997 年美国国家科学基金会和欧南台同意将这两个大型项目进行合并，并且将选择优秀的台址进行建设，1999 年合并后的望远镜阵的名字改为阿塔卡马大型毫米 / 亚毫米波阵（ALMA）。当时参加这个工程的还有加拿大和西班牙（现在西班牙已经成为欧南台的成员国）。2003 年美国国家科学基金会和欧南台正式签订协议将两个工程合并。

在当时日本也有一个大型毫米波阵（LMA）的计划，所以日本也提出要参加这个联合工程。作为主天线阵的补充，日本将负责一个致密阵和三个接收器的建设，以提高 ALMA 的性能。2004 年日本正式加入 ALMA 工程。

ALMA 的台址选择在非常干燥、相对十分平坦的 5000 米海拔高度的高山平台之上，这里的大气含量仅仅是海平面的三分之一左右，毫米波和亚毫米波的透射率很高。

在签订正式合作协议的同时，三台结构不同的 12 米实验天线也在美国新墨西哥州进行了系统评估。这三台天线分别是美国、欧洲和日本的 12 米实验天线。经过投标，美国通用动力公司，欧洲泰雷兹阿莱尼亚宇航公司各提供了 25 台 12 米天线，日本三菱公司则建造 4 台 12 米和 12 台 7 米天线。

2013 年 3 月，虽然还有少数的天线没有完成，但工程已经正式投入使用，望远镜是一批一批逐步进入干涉阵的。ALMA 的最密集的阵列的尺寸大约只有 150 米，而占地范围最大的阵列则可以达到 14 千米的范围。然而，其巨大的运行费用（通常是工程投资的十分之一）使得美国不得不计划将绿岸射电望远镜和甚长基线阵关闭。2013 年 8 月在工程基本结束的时候，ALMA 的工作人员为了增加工资、改善工作条件举行了一次长达 17 天的大罢工。这也是天文台有史以来的第一次大规模的罢工活动。在结束罢工以前，工程领导答应了工作人员的要求，减少工作时间，提高工资待遇。

16

艾伦望远镜阵和地外文明的探索

如同在光学望远镜中所面临的情况，简单地增大射电望远镜直径并不能增加望远镜的投入和产出的比例。当单个望远镜口径增大一倍时，望远镜结构的重量往往按照立方关系增长。尽管如此，望远镜结构中的应力仍然会很快增大，最后导致支撑结构的设计困难，使望远镜的尺寸达到极限。如果发展望远镜阵列，情况就变得简单了，增加望远镜数量只会使望远镜成本线性增加，而望远镜阵列基线的增加是望远镜数量的二次函数，它的增长远远超过望远镜成本的增长。同时由于望远镜可以批量生产，望远镜成本有可能大幅降低。另外，由于小口径天线中方向图主瓣宽大，所以由它们所组成干涉阵列有着更大的有效视场。

在这方面取得最重要突破的是位于加州北部伯克利加州大学射电天文台的艾伦望远镜阵（图 60）。这是一组专门用于探索地外文明的望远镜阵列，由探索地外文明研究所运行。由于艾伦望远镜阵的最终集光面积是 1 公顷，所以也叫作 1 公顷阵。艾伦望远镜阵的建设共分为四个阶段，它的最终目标是拥有 350 面 6 米反射天线。在 2007 年的第一阶段，已经建成其中的 42 面天线。

图 60　美国艾伦望远镜阵

组成艾伦望远镜阵的天线是由很薄的铝板通过液压冲挤形成抛物面形状而制成的，铝板的厚度仅仅是 4.5 毫米。在望远镜的主镜和副镜之间是几根简单的铝管。这种望远镜结构非常简单，重量很轻，成本很低。建造 42 面天线的工程仅耗资 3 千万美元，它的资金全部由微软公司的早期合伙人保罗 · 艾伦提供。

艾伦望远镜阵的第一个重要贡献就是探测到了来自最遥远的人造天体“旅行者 1 号”在太阳系之外发出的信号。旅行者一号发射于 1977 年 9 月 5 日，这颗人造飞行器与地球的距离已经超过了日地间距的 106 倍。这个任务完成以后，艾伦望远镜阵正式进入搜寻外星人信号的工作阶段。

搜寻外星人的工作开始于 1960 年，那时美国国家射电天文台年龄仅 30 岁的弗兰克 · 德雷克发起了一个名为奥兹玛计划的搜寻地外文明的工程。德雷克毕业于哈佛大学天文系，他发明了一个关于计算地外文明可能数目的公式，并身体力行地利用射电望远镜来搜寻地外文明可能发出的无线电信号。

在他的著名公式中，德雷克把在银河系中可以与人类进行沟通的地外文明的数量用一个含有多种因子的乘积式来表达。这些因子包括恒星形成的速度、具有行星的恒星在总恒星数中的比例、适合生命存在的行星在总行星中的比例、能够有智慧生命的行星在适合生命存在的行星中的比例、已经科技发达的智慧生命在总的生命中的比例以及这些智慧生命所存在时间和星系存在时间的比例等等。根据估计，前面的几项乘积值基本上等于千分之一，所以这个公式的最终数值就基本取决于它的最后一项。而这一项是最不好估计的。就人类文明来说，现代科技的发展也不过是最近六七十年的事情，但是如果一个文明可以存在上百万年，那么我们就可能发现有上千个地外文明。

正是在这种乐观情绪的鼓励下，搜寻地外文明的活动渐渐地开展起来。德雷克热情很高，一时间他发动了很多天文学家（主要是射电天文学家）来进行这项现在看起来仍然非常希望渺茫的天文观测活动。

但是究竟如何来进行地外文明的搜索工作呢？首先我们要假设已经存在外星人，他们的科技水平甚至超过了我们的。那么从外星人的角度，他们会以什么形式来和我们地球人进行接触呢？不管怎么说，以无线电信号的形式进行接触是最为经济合理的方案，通过无线电波发送信息便宜方便，所使用的设备也非常容易建造，而且无线电波具有足够的信息带宽，可以以宇宙中最快的速度——光速进行传送。使用无线电发送信息时，可以同时与不同方向上的众多文明进行交流，这是任何其他工具所无法做到的。

不过电磁波频谱非常地宽广，如何选择通信频率，这也是需要特别研究的。你不可能漫无目标地发射信号，必须在宽大的电磁波频谱中选择一个比较合理的、相对窄小的区域开始进行星际交流。

射电天文学家比较容易给出这个问题的答案。因为将射电望远镜指向天空，就会发现各种各样的信号。有一些是来自银河系自身，也有一些来自我们的大气层。如果将不可避免的噪声做成图表的话，你会注意到在低频部分有来自银河系的大量噪声。同时在高频部分有来自大气层的噪声。在这两个非常嘈杂区域之间有一小段相对比较平静的区域，这个区域大约从 1 吉赫开始到 10 吉赫结束。在这个相对狭窄的频率区域，存在着和水分子直接有关的氢和羟基的谱线，所以人们也把这段频谱叫作“水洞”。任何文明都是很难离开水的，所以搜索地外文明可以先从这个频率着手。频率越准确，就越有利于外星人来发送信号。对我们来说，窄仄的信号也比较容易从较低的噪声中识别出来。不过比较窄的信号频率意味着我们不得不从数以百万计的窄带信号中寻找正确的那几个，这就解释了为什么射电天文学家比光学天文学家对这个工作的劲头更大。

德雷克的搜寻工作首先是在美国国家射电天文台的望远镜上开始的。为了在南天区也开展工作，美国甚至在 20 世纪 60 年代资助了阿根廷射电天文研究所的天文学家，帮助他们建造了两台 30 米射电天文望远镜（图 61）。1973 年，德雷克首先发动了俄亥俄州的“大耳朵”天线来进行搜寻，终于在 1977 年探测到一段十分简短的不明信号。后来他又利用了前文所述的 300 米固定天线阿雷西博射电望远镜，使这台望远镜成为专门用于搜寻地外文明的望远镜。

1979 年德雷克又发动加利福尼亚大学伯克利分校的天文学家。1982 年他发起了美国航天局的一个名为高解析度微波探测的项目，1993 年这个项目因美国国会不再提供资金而中止。1985 年他又发动了由哈佛大学启动的百万频道地外检测

图 61　阿根廷射电天文研究所的两台 30 米射电望远镜

项目，对 840 万个 0.5 赫兹宽的频道进行逐个搜索。

1990 年德雷克发动了第一个搜索地外激光信号的哥伦布光学搜寻项目，这是第一个在光学天文领域开展的搜寻工作。1995 年他将哈佛大学的项目变成了在数十亿个频道进行的地外探测项目。同时他启动了菲尼克斯项目，并建立了地外文明搜索研究所。这个研究所主要依靠私人基金和部分国家基金运行，现在正在利用艾伦望远镜阵进行搜寻。1996 年他又启动了阿尔戈斯项目，这是地外文明搜索联盟的全天空探测项目。1997 年“大耳朵”为了给一座高尔夫球场让路而关闭。

1998 年南半球搜寻项目在澳大利亚启动，这个项目旨在对南半球天空进行地毯式搜索。1999 年德雷克还启动了非常普及的屏幕保护项目，动员成千上万的家用计算机来分析搜寻获得的天量数据。

在探索地外文明的观测过程中，除了不断地分析收集来自天空中的信号，他们还通过阿雷西博射电望远镜向空中发射了有关人类存在的二维信息（图 62），希望引起可能存在的外星人的注意。不过，

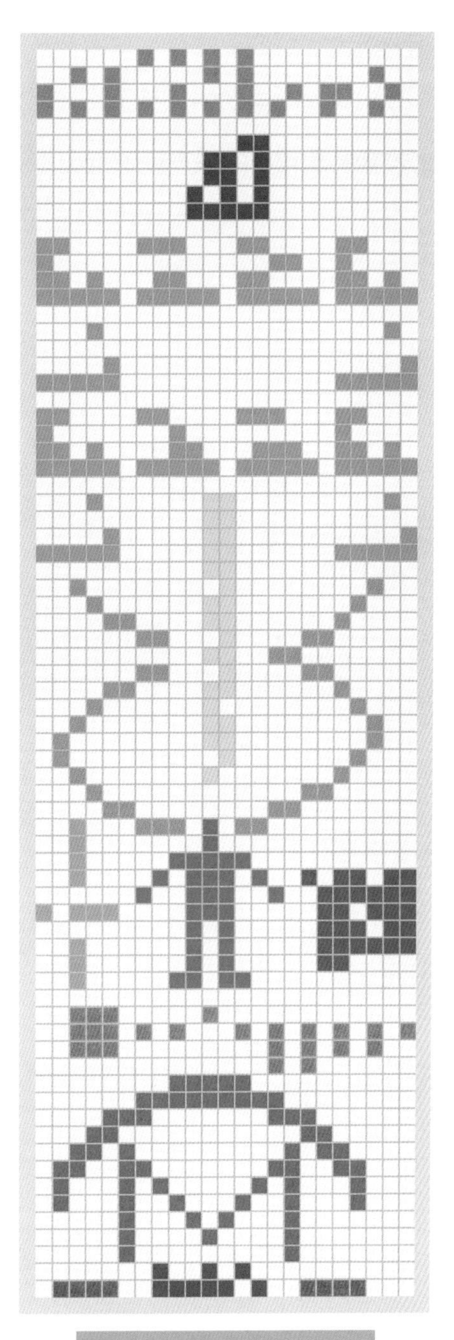

图 62　地外文明探索活动中向太空发出的人类活动的信息

这么多人已经做出的努力和工作能不能真正取得成果，还是一个很大的问号。不少科学家对这个活动的结果表示怀疑。他们认为，如果真正存在外星人，他们一定已经和我们取得了联系，而不会花费很长时间才开始这种交流。

17

100米绿岸射电望远镜

1962年美国国家射电天文台建台之初，匆匆地建造了一台造价很低的91米射电天文望远镜。这台简易望远镜没有设计地平轴承装置，整个望远镜的重量支撑在两座固定的铁塔上。所以它只能在南北固定的子午面方向上改变高度角。这台望远镜不能够跟踪天上的天体，只能被动地等待天体穿越南北子午面。在正常工作了26年以后，于1988年11月15日，一个十分寒冷的冬日，随着一个关键部件的突然损坏，只听见轰的一声，整个望远镜顷刻间崩坍落地，终止了这个庞然大物的“生命”。

不过坏事往往会变成好事，望远镜损坏仅仅一年多之后，美国国家射电天文台就获得了来自科学基金会的重大研究设备的专用基金7450万美元，可以用于再建造一台100米级射电天文望远镜。这个经费的取得多亏了望远镜所在地，即西弗吉尼亚的参议员在国会上的游说和努力。在美国重大设备拨款的历史上，这也是唯一的一台先有经费而后再进行设计的大口径天文望远镜。

在充足资金的支持下，望远镜设计变得精益求精。为了提高口径效率，将望远镜的噪声降到最低，这台望远镜采用了非常特别的偏轴光学系统，副镜在主光路的外侧，在它的 100 米口径面上没有任何遮挡物。

在一般射电望远镜上，望远镜的副反射镜或者位于主焦点的馈源以及它们的支撑总要挡住主反射面的一部分面积，这种口径遮挡不仅会使射电信号发生损失，而且会增加望远镜的噪声。偏轴光学系统保证了望远镜的最大信噪比，从而提高了望远镜的灵敏度。另外，这台望远镜第一次采用了可以自动调节面板高度的主动面板支撑装置。整个天线的主反射面由 2004 块面板拼成，在每一块面板的四个角上均安装有位移传感器和位移调节电机，可以精确地调整望远镜的面形。现在这台望远镜的面板形状和一个理想抛物面的形状的差别不超过 0.3 毫米。

由于使用偏轴光学系统，望远镜不再是轴对称的，所以其结构重量要大于相同口径的轴对称射电望远镜。这台望远镜重达 7300 吨，比德国 100 米埃菲尔斯伯格射电望远镜的 3200 吨高出了一倍以上。望远镜安置在一个直径为 64 米的圆形轨道上，它的总高度几乎和华盛顿纪念碑相当。这是世界上最大的可移动物体。2000 年这台 100 米射电望远镜正式建成并开始运行。由于望远镜的所在地叫绿岸，所以这台望远镜被称为绿岸射电望远镜，按照读音也被称为格林班克射电望远镜（图 63）。它的最终总造价为 9500 万美元。

图 63　100 米绿岸射电望远镜

图 64 正在更换中的望远镜方位轮轨道

绿岸射电望远镜在工作几年以后，由于其巨大的结构重量，使得每个方位转轮大约要受到 456 吨重量的压力，望远镜的圆形钢轨道不断地出现了越来越严重的裂纹。经过台内外多位专家的考察和调研，整个轨道地面以上的部分全部进行更换（图 64）。在采用了优质的桥梁钢、增加了轨道厚度、在轨道结合处用 V 形接头代替 45 度接头、同时在两层钢结构之间增加一层较柔软的隔离层以后，才制止了轨道的继续损坏，望远镜的轨道才能够正常工作。

经过整修后的绿岸射电望远镜在脉冲星的观测中发挥了很大的作用。不过美国经过金融危机以后，天文台的科研经费大大减少。美国科学基金会也首先终止了美国甚长基线干涉阵的运行经费。2012 年，绿岸射电望远镜也受到了停止运行的威胁。现在美国国家射电天文台正不断地裁减人员，美国科研事业的一个严冬已经来临。

和美国经济情况正好相反，中国的经济发展为中国的科研提供了不断增长的经费，射电天文望远镜也经历了前所未有的跨越式发展。2003 年国家天文台密云 50 米射电望远镜建成（图 65），2006 年云南天文台昆明 40 米射电望远镜建成（图 66），2013 年上海天文台 65 米天马望远镜建成（图 67）。目前新疆天文台正在建设世界上口径最大 110 米全可动射电天文望远镜。

与此同时，世界其他国家也完成了一些具有主动面板特点的新型射电天文望远镜。这些望远镜有：2003 年建成的意大利的 64 米撒丁岛射电望远镜（图 68）、2007 年建成的西班牙 40 米射电望远镜（图 69）和 2012 年建成的意大利的 32 米射电望远镜（图 70）。

图 65　国家天文台的密云 50 米射电望远镜

图 66　云南天文台的昆明 40 米射电望远镜

图 67　上海天文台的 65 米天马望远镜

图 68　意大利的 64 米撒丁岛射电望远镜

图 69　西班牙的 40 米射电望远镜

图 70　意大利的 32 米射电望远镜

18

500 米射电望远镜和 110 米可动望远镜

我国射电天文望远镜的建设开始于 1958 年，当时从苏联借了一台射电天文望远镜来参加海南岛的日食观测。后来中国建造了 7.3 米和 10 米两台太阳射电望远镜。1973 年北京天文台在澳大利亚专家的帮助下建成了密云米波综合孔径望远镜。1986 年紫金山天文台、美国爱斯科公司和南京天文仪器厂合作，建成了 13.7 米毫米波天文望远镜。1987 和 1993 年上海天文台和乌鲁木齐观测站分别建成 25 米射电天文望远镜。

进入 21 世纪以来，国家科研经费大幅度增长。2003 年国家天文台建成密云 50 米射电天文望远镜。2006 年在新疆建成 21 厘米射电天线阵，这个天线阵就像一个守株待兔的农夫，希望能收集到来自宇宙形成时的第一缕电磁波信号。

2006 年云南天文台建成昆明 40 米射电望远镜。2012 年上海天文台建成 65 米天马望远镜。2016 年，国家天文台在贵州建成世界上最大的固定射电望远镜：500 米口径球面射电望远镜，即 FAST（图 71）。同时新疆天文台正在奇台县建设世界上最大的 110 米可动射电天文望远镜。

图 71　中国贵州 500 米固定口径球面射电望远镜

中国的贵州是喀斯特地凹最为集中的地区。这些天然的地凹连接着周围的山区就像一个个向天上开口的大锅，是建造固定天线射电望远镜的最好台址。500 米固定口径球面射电望远镜就建设在贵州平塘县。平塘县常年雨量充沛，但当地的喀斯特地貌恰恰具备“漏斗”透水性，十分有利于排水，所以这里下雨一般不会存水。天线工程 2012 年正式动工，终于在五年内全部完成。

和美国 300 米口径的固定射电望远镜，即阿雷西博射电望远镜不同，FAST 是一台具有主动面板的固定天线射电望远镜。阿雷西博射电望远镜只能观测到天顶附近 20 度的小块天区。而 FAST 则不同，天线整个表面的 4450 块面板的位置可

19

欧洲低频天线阵工程

荷兰虽然国家很小，但是长期以来，一直是推动射电天文学发展的重要国家之一。早在 1944 年 4 月 15 日，荷兰天文学家范德胡斯特就根据他理论研究的结果，推断出太空中存在有大量的 21 厘米氢的谱线。不像英国和澳大利亚，当时的荷兰十分缺乏熟悉雷达技术的工程师以及相关的器材。1948 年范德胡斯特不得已只好求助于国家邮电局，当时邮电局的主管瓦尔特提供了一台 7.5 米的天线和必要的技术支撑，1949 年荷兰因此成立了射电天文基金会。这个天文基金会后来就演变成十分著名的荷兰射电天文研究所，它的简称为 ASTRON。1951 年 3 月 25 日美国哈佛大学的艾文和珀塞尔首先观测到 21 厘米谱线，几个星期以后，荷兰天文学家奥尔特也观测到了这条谱线。这个观测结果很快在《自然》杂志上发表。由于这个重要发现，荷兰政府的基础科学研究部当即批准了天文研究所建设 25 米射电天文望远镜的计划。望远镜的设计工作从 1951 年 11 月开始，到 1954 年结束。1955 年，第一台 25 米射电天文望远镜投入使用。1970 年射电天文研究所集中力量完成了包括 14 面 25 米天线的韦斯特博克综合孔径望远镜，在射电天文学研究领域中获得了举足轻重的地位。

2004 年，基于荷兰射电天文的优良传统，荷兰射电天文研究所又开始建设一个新的里程碑工程——LOFAR 低频阵。一开始这个低频天线阵仅仅局限于荷兰本土，后来由于它独有的特点和扩展的潜力，迅速地吸引了欧洲的其他相邻国家，成为一个连接欧洲多个国家的国际项目。整个天线阵共有两种不同的天线单元，一种是 10~90 兆赫的低频波段天线，另一种是 110~250 兆赫的高频波段天线。现在 LOFAR 低频阵已经成为一台超越射电天文的多种用途的低频探测器阵，它在地球物理和农业管理上也有十分重要的应用。

LOFAR 低频阵包括一系列由大量偶极子天线所构成的天线台站，这些台站分布在荷兰和欧洲的其他一些国家。它们没有任何运动部件，但是可以覆盖全部天区，这个特点使 LOFAR 低频阵本身有很大的视场。

从单一的天线台站看，每一个偶极子天线所接收的信号通过数字化后结合起来，形成一个相位控制阵。这些台站通过电子波束成形技术使系统响应十分灵活，望远镜可以迅速地改变指向，并且可以同时观测多个互相独立的天区。

在过去几十年中，建成的射电天文望远镜基本拥有大口径机械式的可动天线面来收集天文信号，然后将信号输入到接收器中，并且对信号进行分析。在这些射电望远镜中，一大半的开支都花费在钢铁结构部件和机械运动部件上。如果想要建造一个比现有望远镜大 100 倍的天线，几乎不可能筹集到这么大一笔经费。

LOFAR 低频阵是第一台新型的、利用全方位的天线来代替传统机械式反射面式天线的信号处理方法。来自天线的信号首先要实现数字化，然后传送到中央处理器，借助于软件来模拟传统天线的信号收集过程。在这种设计思想下，工程的成本主要集中在电子部分，而电子部分的成本则遵从摩尔定律，逐年都在不断地下降，所以就有可能利用有限的经费来建造越来越大的大型望远镜。从这个意义上，

LOFAR 低频阵就是一个利用信息技术而设计的射电天文望远镜。由于组成这个望远镜的天线体十分简单，所以可以建造很多的天线体来收集天体信息。在 LOFAR 低频阵中总共有 2 万个各种天线。

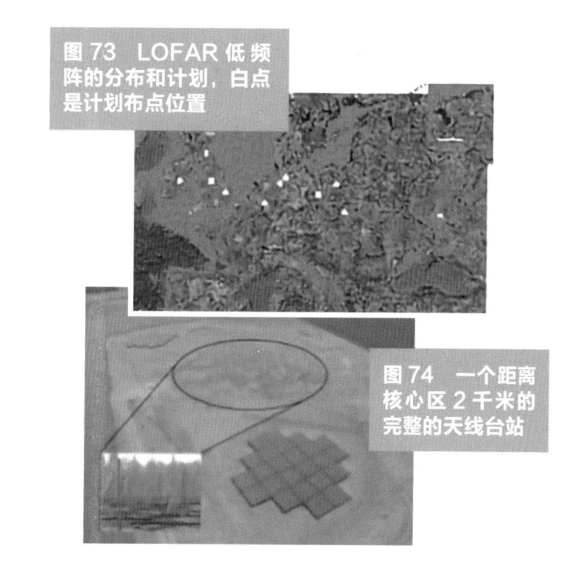

图 73　LOFAR 低频阵的分布和计划，白点是计划布点位置

图 74　一个距离核心区 2 千米的完整的天线台站

为了使天空的射电图像有适当的清晰度，天线被安排成一个一个的台站，这些台站在荷兰分布在 100 千米的范围内，而在欧洲其他国家则分布在 1500 千米的范围之内，形成以核心区为中心的几个巨大的旋臂（图 73、图 74、图 75 和图 76）。这台低频仪器需要传送的数据量在兆比特的量级。数据处

图 75　LOFAR 低频阵的核心部分的台

理的计算量为每秒 1 万亿次，即每秒 10^{12} 次。

在天文上通过使用信息技术的新方法实现了 LOFAR 低频阵的观测目标，结果发现同样的方法可以用于其他领域，如地球物理和农业科学等领域的监测工作。所以现在 LOFAR 低频阵在经过一定的变化后，可以同时成为地球物理和农业科学的特殊传感器，从而造福其他科学领域。

图 76　LOFAR 低频阵和后面的电子器件房

20

平方千米射电望远镜阵

随着综合孔径技术的不断发展，简单在低频波段工作的第一代射电干涉仪已经被工作在厘米波甚至毫米波的综合孔径望远镜所代替。它们收集电磁波的面积达到1万平方米量级。在射电天线阵中，天线阵收集电磁波的面积直接和天线阵的灵敏度相关。接收面积越大，所能探测到的最低的电磁波能量就越小，所探测的射电源就越多。基于这种现状，天文学家又进一步希望要获得百万平方米或者更大集光面积的射电望远镜阵，于是出现了平方千米射电望远镜阵工程。

2000年，来自11个国家的代表签订了关于准备建设平方千米射电望远镜阵的备忘录。这些国家包括美国、俄国、英国、澳大利亚、南非等。不过后来美国和俄国均退出这一项目，它们不愿意为一个不靠谱的项目投资。平方千米阵现在共有11个成员国家，它们分别是澳大利亚、加拿大、中国、德国、印度、意大利、新西兰、南非、瑞典、荷兰和英国。不过德国在2014年就表示会离开这个工程。现在在所有愿意投资的国家中，中国是比较富裕的国家，其他国家均相对较小，有些国家的经济正处于衰退之中。

艾伦望远镜阵的发展为特大射电望远镜阵获得廉价天线结构提供了可能性。这也推动了这个被称为下一代射电望远镜的平方千米阵计划的顺利推进。不过，要降低望远镜的制造成本谈何容易。

1972 年建造的美国甚大阵的总面积约 1 万平方米，花费 300 万美元，平均每平方米 300 美元。1988 年建造的澳大利亚望远镜致密阵约 2300 平方米，花费 5000 万澳元，平均每平方米 2 万澳元。2007 年建造艾伦望远镜阵是最便宜的工程，总面积 1100 平方米，花费了 3000 万美元，每平方米也达到 3 万美元。要想建设一个百万平方米的天线阵，即使按照艾伦望远镜阵的造价也需要有 300 亿资金。这个数字对于西方国家和正在发展中的中国都无疑是一个天文数字。另外仪器建好以后，它的运行和维护费用将会是建设费用的十分之一，即每年约 30 亿美元，这是任何国家都不想承担的任务。

平方千米阵是一个非常庞大的望远镜计划，它包括低频、中频和高频三个分离的望远镜天线阵。每一个阵列均十分庞大，总的集光面积为 1 平方千米。总占地面积约为 3000 平方千米，目前的总预算仅仅是 15 亿欧元。这个数字远远低于大多数人的估计。

这个大工程项目包括三个大型阵列，即低频天线阵、中频天线阵和高频天线阵。它的低频阵是由工作频率在 70 兆赫至 200 兆赫之间的一个个偶极子天线组成的，其中每 100 米长的正方形区域形成一个天线组，整个低频阵中包括有 90 个天线组（图 77）。而中频阵是由 3 米 ×3 米的相位面阵单元组合而成的，工作频率在 200~500 兆赫之间。这些面阵形成一个

图 77　平方千米阵中的低频天线组

图 78　平方千米阵中的中频相位天线密集阵

图 79　中国为澳大利亚制造的高频实验天线阵

图 80　南非试制的玻璃钢材料高频天线阵

个 60 米直径的圆形基站（图 78）。高频阵工作频率在 500 兆赫到 10 吉赫之间，是这个工程中最重要的部分。它包括 5000 台 15 或 12 米偏轴抛物面天线。在每个天线焦点上，将采用焦面馈源阵列。

为了减少成本，这些天线结构应该类似于艾伦望远镜阵中的天线结构。不过遗憾的是艾伦望远镜阵中天线的结构并没有减少太多的制造费用，它的价格在每平方米 3 万美元。相反澳大利亚请中国五十四所制造的实验高频天线阵(图 79）的价格却远远低于艾伦望远镜阵的价格，36 个 15 米天线是造价为 1.1 亿澳元，平均每平方米 1.6 万澳元。与此同时南非也试制了玻璃钢材料复制制成的高频天线实验阵（图 80）。它们在成本上也具有一定的竞争性。在平方千米阵中，高频阵部分占据整个望远镜阵的绝大部分集光面积。

如果按照计划，整个望远镜阵的范围大约是一个直径 3000 千米的区域，包括从中心到外围的三个区域。第一部分是中心区，直径大约 5 千米，包括在高频工作的抛物面天线、在中频工作的面相位阵的基站、以及在低频工作的偶极子天线阵。中心区大概分布有 50% 的天线接收面积。第二部分是从中心点开始 2.5 千米到 90 千米范围的区域。这个区域内，同样会随机分布着高频、中频和低频的各种天线和

图 81　平方千米阵的效果图

天线阵。第三部分是从中心点开始的 90 千米到 500 千米的区域，这里同样分布低频的、中频的和高频的各种天线和各种阵列（图 81）。

在试制望远镜的工作中，南非和澳大利亚均发挥了重要作用，不过他们中没有一个国家愿意将他们所发展的望远镜阵布置到对方国土之上。所以这个项目的总部也正在考虑将这个工程中的中频、低频和高频部分分开来，分别安装到两个不同国家。这个分开的新方案或许又面临着进一步增加安装、运行预算的问题。目前平方千米阵的计划分三步进行：第一步，2023 年完成在 50 兆赫到 14 吉赫上 10% 的集光面积；第二步，在 2030 年完成这个频段上的全部阵列；第三步是将天线延伸到 30 吉赫的高频部分。不过所有的参与国家对这个工程各阶段的经费落实问题至今并没有达成共识。

21 其他空间射电望远镜

除了地面上的射电望远镜以外，天文学家还研制和放飞了一系列的球载射电望远镜。球载望远镜的缺点是不能直接观测天顶区域，但是它避免了大气层对射电信号的吸收，同时球载望远镜可以进行回收并重复使用。比较有名的球载望远镜有1997 年第一次放飞的毫米波河外辐射地球物理气球天文台，又称回旋镖球载望远镜（BOOMERanG telescope）（图 82）。1998 年和 2003 年，这台望远镜又再次飞翔在南极 4.2 万米的高空中。这是一个 1.3 米偏轴射电望远镜，它的接收器工作在 0.27 开的极低温。它总共有 16 个接收器，分别工作在 145、245 和 345吉赫。望远镜在天空中通过扫描进行观测。另一个重要的气球望远镜也是一台 1.3米口径的仪器，名为毫米波各向异性实验成像阵（MAXIMA）。它分别于 1998年和 1999 年在美国德州飞行到 4 万米的上空。它的接收器工作在 100 毫开的温度。到 2000 年，这台望远镜提供了最准确的宇宙背景辐射在小尺度上的起伏。

口径最大的气球望远镜是球载大口径亚毫米波望远镜（图 83）。它的望远镜直径 2 米，工作波长是分别在 0.25 毫米、0.35 毫米和 0.5 毫米的红外波段。球载大口径亚毫米波望远镜由美国、加拿大和英国一些大学联合建设。2003 年该望远镜首次在美国新墨西哥州升空，2005 年在瑞典第二次升空，2007 年在南极第三次升空。之后 2010 和 2012 年又在南极的夏天升空。由于南极上空十分干燥，非常有利于红外观测，工程取得很好成果。不过在降落时，望远镜本体受到了严重的损害。

另一台比较著名的观测宇宙背景辐射的气球望远镜是 Spider 望远镜（图

图 82　回旋镖球载望远镜

图 83　球载大口径气球亚毫米波望远镜

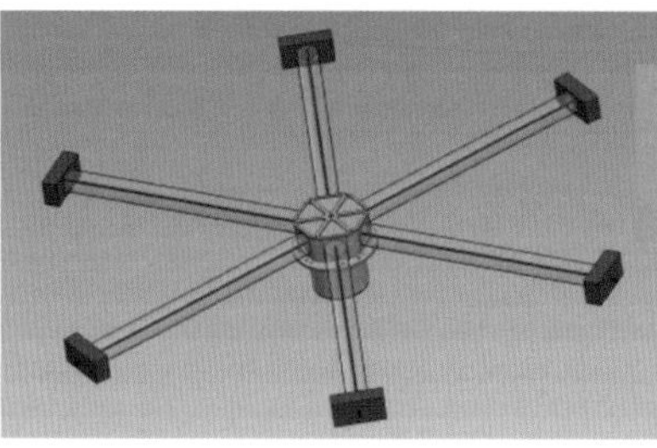

图 84　Spider 气球望远镜和使它进行方位传动的反作用轮装置

84）。这台望远镜包括 6 个安装在同一杜瓦瓶中的低温接收器。整个望远镜载荷重量达 2000 千克，不过支撑它的支架是非常结实的采用铝接头的轻型碳纤维桁架结构，重量仅仅为 110 千克。在这台气球望远镜中，地平方位传动是靠一种反作用力飞轮进行的，连接飞轮的有电机和角度测量旋转变压器装置。

除了球载望远镜外，还有一些空间射电望远镜。1968 年美国发射了一颗射电卫星——探索者 38 号。这颗用于长波探索的卫星，有一条 36.6 米长的偶极子天线，和一条长达 229 米的铜铍合金带状天线。在发射时，这些带状天线被卷成圆筒形，安置在直径很小的火箭整流罩内，升空以后被放开成为天线体。

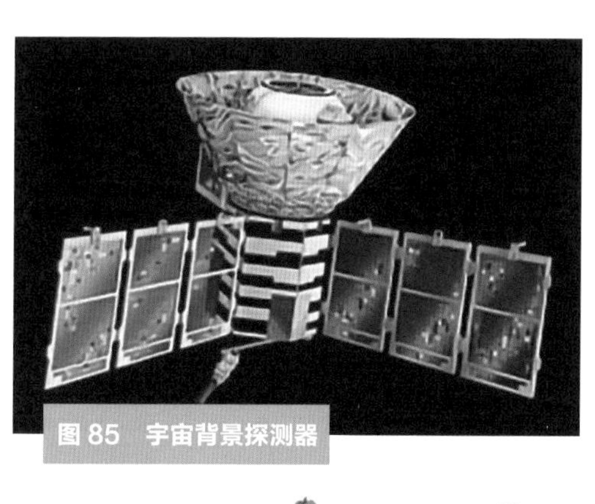
图 85　宇宙背景探测器

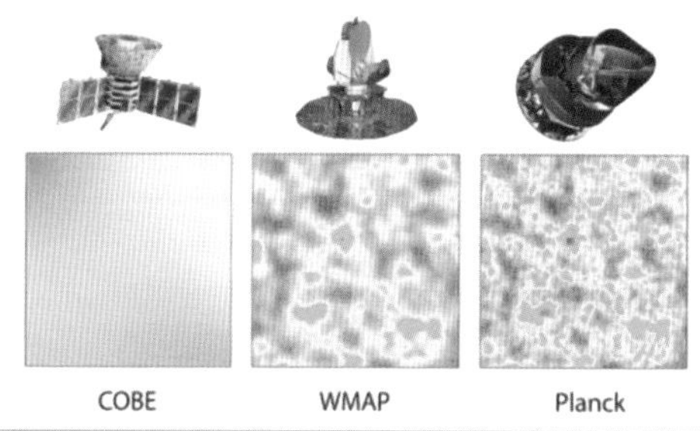

图 86　三台空间望远镜对宇宙背景辐射的测量结果

比较有名的空间射电望远镜是 1989 年 11 月 18 日发射升空的宇宙背景探测器（COBE）（图 85）。这个卫星上的仪器分别用于对宇宙微波背景和宇宙红外背景进行巡天成图。宇宙微波背景是宇宙大爆炸以后的余晖，而宇宙红外背景与宇宙物质密度分布密切相关。该卫星的两个关键部分分别是：绝热的杜瓦瓶和遮挡太阳和地球辐射的太阳地球盾。COBE 运行于太阳同步轨道上，每半年可以实现 1 次对全天区的巡天扫描。

根据诺贝尔奖委员会的看法：“宇宙背景探测的计划可以视为将宇宙论变成精密科学的起点。”为此主持这个计划的两位天文学家乔治 · 斯穆特和约翰 · 马瑟获得 2006 年诺贝尔物理学奖。COBE 和之后的威尔金森微波各向异性探测器

（WMAP）以及普朗克卫星（Planck Satellite）（图 86）分别为不同尺度的宇宙背景提供了十分可信的观测资料。

在过去的许多年中，已经发射升空的还有很多大尺寸的组合式的射电天线，有各种薄膜式的气压成形的反射面，有充气展开的气囊式天线，也有碳纤维复合材料天线。不过有一些实验并不完全成功。

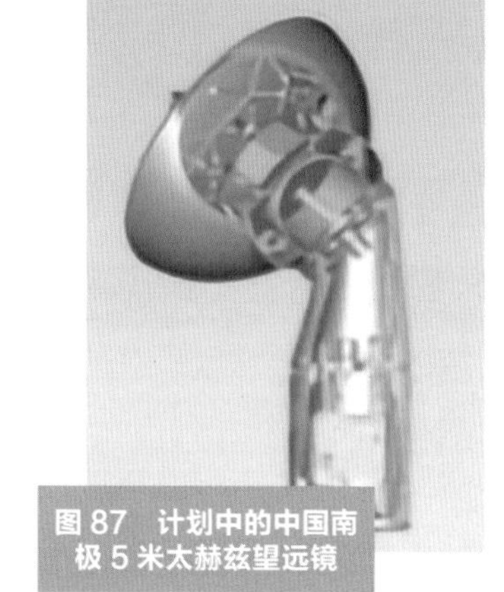

图 87 计划中的中国南极 5 米太赫兹望远镜

除了在空间轨道放置射电望远镜外，对于太赫兹波段的天文观测，南极的最高点不失为一个极好的位置。根据现有的观测资料，南极的高原地带大气中的水汽含量远远低于地球上其他的高山地区。在南极的高原，存在着大气中不可多得的红外窗口。为此中国正在设计和规划一台南极 5 米太赫兹望远镜（图 87），这台准空间望远镜将安装在南极海拔 4 千多米的冰穹 A 的高原地带。为了实现地球上的太赫兹波段的观测，望远镜的表面结构和指向精度必须非常高。同时由于当地的生存条件十分苛刻，所以一年中近 11 个月的绝大部分时间里，望远镜将只能依赖无人操作，只有在夏季的一个多月里，技术人员可以去那里进行维护和更换工作。

22 令人惊叹的黑洞照片

在整个宇宙中，有一种十分令人畏惧的天体，它就是位于宇宙时空间的一个个奇点。由于这些奇点所包含的质量如此巨大，它所产生的引力也非常大，以至它吞噬了邻近区域的所有物质，连光也逃脱不开它的巨大引力。这个巨大黑洞漩涡的半径距离称为事件视界。在这个距离内，黑洞深不可测，任何事物将一去不复返。临近这个距离的地方常常是由正在走向消亡的高速运动的高热气体物质组成的漩涡，这些运动中的高热物质向着宇宙各个方向发出它们最后的电磁波信息。在漩涡的反衬下，可以获得黑洞形状的剪影。

长期以来，天文学家都梦想着能获得一张黑洞区域的神奇照片。但无奈的是黑洞的事件视界常常很小，远远在毫米波甚至亚毫米波望远镜的分辨率以下，而且在黑洞的视界距离外高速走向死亡的物质所发出的最后的光是如此的微弱，也处于现有的亚毫米波望远镜的灵敏度以下。

ALMA 投入使用以后，利用它超大的集光面积可以获得视界距离外的许多信息。虽然 ALMA 的分辨率也很高，但是仍然不能很清楚地看到视界距离上的物质。不过如果加上在地球上的其他十分重要的毫米波望远镜，就可以利用甚长基线干涉技术，分辨出黑洞事件视界上的奇异景象。

早在 2014 年，天文学家就已经预测到获得黑洞事件视界图像的可能性以及它在宇宙学理论上的重要性。这个重要图像的获得对于理解恒星和星系的演化和发展有着至关重要的意义。

2017 年 4 月中的整整十天，分布在世界各地的主要亚毫米波望远镜对 M87 中心黑洞进行了长达 65 小时的观测，所获得的观测数据硬盘实实在在地运送到美国和欧洲的望远镜数据中心进行处理和分析。这些参加观测的望远镜有位于智利的 ALMA 阿塔卡马探路者实验望远镜（APEX）和阿塔卡马亚毫米波实验望远镜（ASTE），有位于南极的 SPT 南极点望远镜（SPT），有位于夏威夷的麦克斯韦望远镜（JCMT）和 SMA 亚毫米波射电望远镜阵（SMA），有位于美国加州的 CARMA 毫米波组合阵（CARMA），有位于墨西哥的 50 米 LMT 大型毫米波望远镜（LMT），还有位于西班牙的 IRAM 30 米毫米波望远镜和北欧的北扩展毫米波阵列（NOEMA）。所有这些望远镜形成了一个基线长度和地球直径相当的一个望远镜阵（图 88）。如同在钢琴弹奏中，每一个音符都具有一定的声音频率一样，在甚长基线干涉仪中，每两座天线就形成一条独特的基线，而每一条基线就代表了天区空间平面上一个特定空间频率上的相关信息。在这个干涉仪中，由于缺少很多空间频率上的重要信息，所以需要在无数组可能的空间星像分布中通过迭代来选择和黑洞剪影最为相似的图形（图 89）。

经过艰苦的努力，天文学家终于获得了这张具有历史意义的黑洞剪影照片。

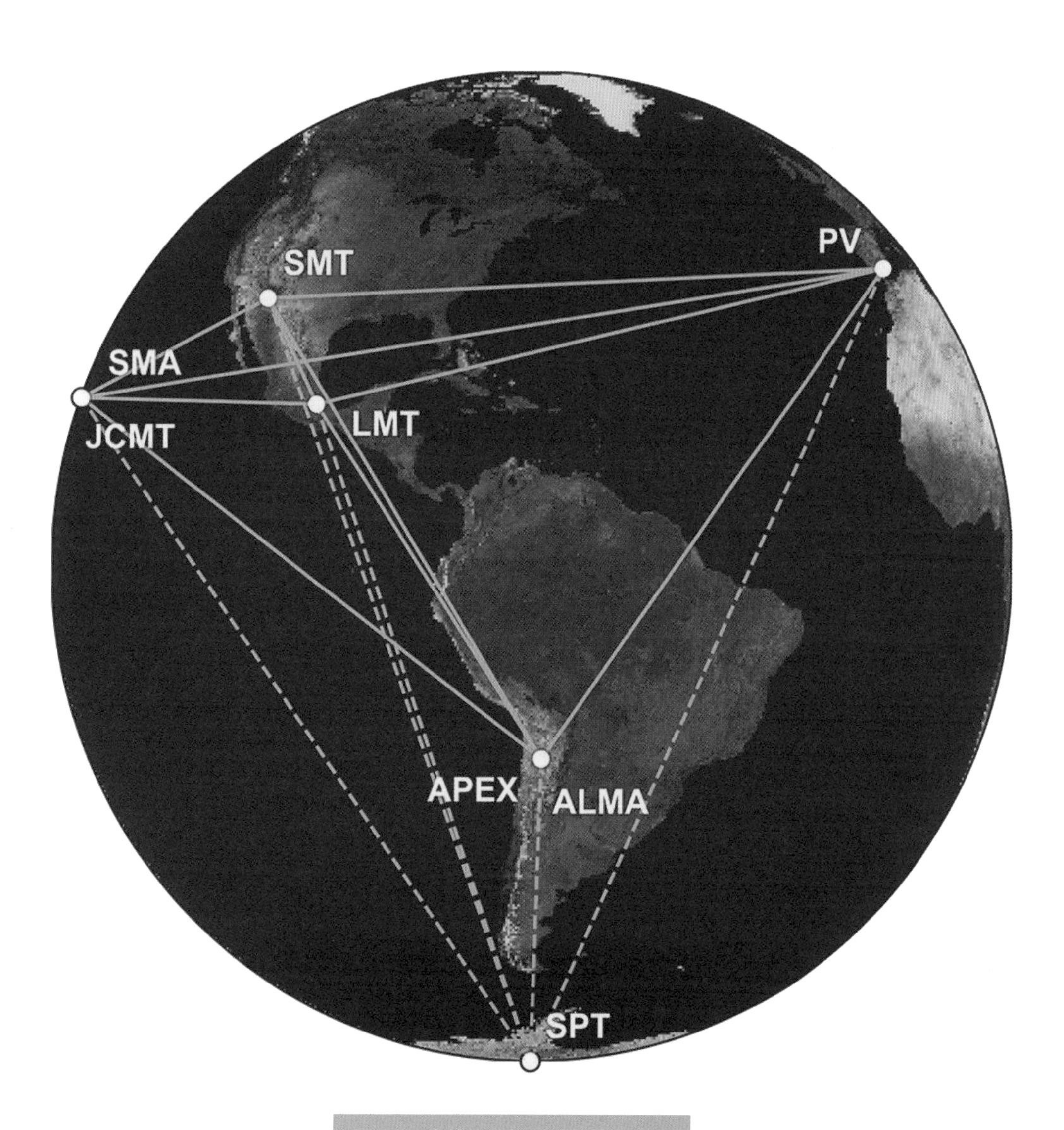

图 88　事件视界望远镜的地理分布

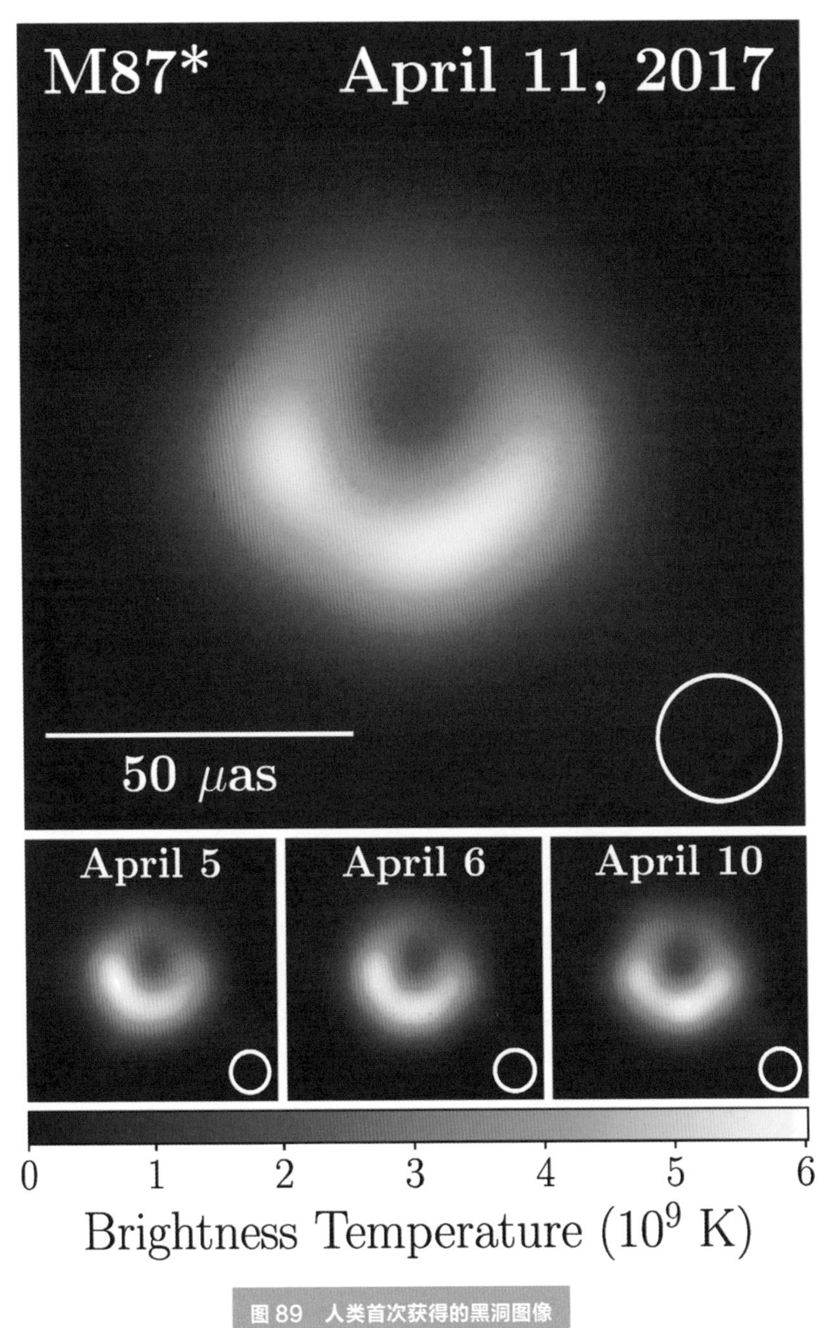

图 89　人类首次获得的黑洞图像

23

军用射电望远镜

在射电望远镜的军事应用中，首屈一指的就是美国从 1993 年开始，到 2007 年正式结束的针对大气电离层的高频主动极光研究工程（图 90）。它是一个大型偶极子天线阵，工程总耗资 2.5 亿美元，位于美国北极地区的阿拉斯加州。

图 90 美国的高频主动极光研究工程

这个天线阵可以向电离层方向定向发射 2.8~10 兆赫、3.6 兆瓦的高能量电磁波。它通过向地球大气中的电离层发射高能量射电脉冲，从而影响电离层的自身特性。很多学者认为这种高能量电磁波对电离层的激发可以在地球上的特定区域范围内改变当地的气候，并会引起诸如大风暴、大干旱、大暴雨、山洪和地震等特殊的自然灾害。不过该工程的网页上则显示他们不同意这种指责，他们自称这仅仅是一个普通的大气层科学研究部门。

暴雨和雷云武器也可以在局部战区直接影响当地气候和自然状态。目前，人工降雨的暴雨弹已经在许多国家研制成功。暴雨弹主要利用弹体爆炸后向外所抛撒的碘化银、干冰、碘化铅、硫化铜、聚乙酸或者碘酸银等发烟基作为水汽凝结核，促使饱和水蒸气迅速凝结成水滴或冰晶，从而造成人工降雨。而雷电直接来自天空中存在的正负电荷分离的雷云。这些雷云形成巨大的电容器，其中蕴藏着巨大能量。一片普通的雷云中所包含的能量，相当于一颗百万吨级的核炸弹爆炸时所释放的能量。而雷云武器则利用火箭、大炮或其他发射装置将金属细片或金属纤维丝散布到雷云之中，通过这些金属细片和纤维丝将雷云直接引向敌方目标方向，从而进行人工放电，以杀伤或击毁目标。

图 91 洲际导弹预警相位控制阵雷达

洲际导弹预警相位控制阵雷达是真正的军用射电望远镜。图 91 所示是美国安装在北极附近阿拉斯加州的巨型雷达装置。除此之外仍然存在着其他一些武器类的军用射电望远镜。

自 20 世纪 40 年代以来，先后出现了威力巨大的原子弹和氢弹。这些超级武器可以摧毁一定范围内所有的生命和建筑，为迅速赢得战争奠定基础。但是这种巨大的破坏在一定程度上也会给人类社会留下永远的痛苦记忆，这种记忆对胜利者常常是一种惩罚。后来出现的中子弹可以杀伤所有生命，却能够完整保留没有生命的建筑和设备。跟原子弹和氢弹一样，它对于无辜平民的伤害同样会给人类留下痛苦和遗憾。所以长期以来，各个国家都在寻求一种威力更大，但更为“人道”的超级武器，这种武器会摧毁现代社会所依存的生活基础，但却可以保证人们生命的存在。现在这种十分可怕的超

图 92　微波武器对电器的破坏

级武器正在来临，这就是微波武器，即微波弹。

现代社会中，计算机和各种电器是社会生活和发展的必要工具。微波弹正是通过摧毁和破坏敌方计算机、电器和电路来达到争取战争胜利的目的（图 92）。微波弹又称为高能量微波武器，这种武器可以在很短时间内产生能量巨大的微波脉冲，在它的影响范围内，所有的电器和电路全部会短路并损坏。

对于微波来讲，绝大部分材料均是透明的，微波可以随意穿透它们。人体器官也是这样。人们可能毫无感觉，根本不知道这种武器的突然袭击（注意：现在还有一种高能量的声波或者微波武器，这些武器可以使人类产生难以忍受的痛苦，而不得不退却。这种高能量的声波或微波武器对人员不产生致命的后果，它们被称为非致命防暴武器，和现在讨论的是完全不同的两种类型）。但是金属或金属氧化物形成的半导体以及具有偶极子结构的电子装置则会非常强烈吸收这些微波能量，以至于完全被破坏，不能工作。最严重的情况可以使电路熔解，即使是能量较低的微波武器也可以使计算机或者其他设备中的集成电路产生根本性变化，造成永久的破坏。

从工作原理上讲，微波弹分为两类：一类频带很宽，另一类频带很窄。

前者会在很宽频率范围内发出一定的相对较低的能量，在纳秒级的短时间内，对所有没有进行特殊保护的电器产生很大冲击，并造成破坏。这种武器的效率取决于它的能量、它所引爆的高度以及目标和微波弹之间的距离。

频带很窄的微波武器是在一个单独频率上或在一组几个十分邻近频率上产生非

常高的辐射能量。它们可以在一秒时间内发出数百个脉冲，形成几乎是连续的微波束。这些微波束可以用来直接对准某一特定目标或一批目标。这种武器的频率也可以进行随时调整，以适应所攻击目标的电磁学特点。

这两种不同的微波武器对于没有保护的电子设备都是极大的灾难，特别是对民用计算机。因为这种微波辐射能产生十几伏的电压，使计算机中的集成块被击穿。而且集成电路的集成性愈高，击穿的可能性就愈大。这种能量很大的微波可以在供电电路中、电话网络中、天线或电缆中形成驻波。对使用电子启动和控制的车辆也有很大破坏作用。在高频情况下，电子电路中的许多寄生或分散分布的电容也都会形成短路效应，使整个电路系统全部被击穿。

不管是宽频还是窄频的微波武器都有一个微波源和一个能源。在宽频微波武器中，微波能量和原子弹爆炸所产生的电磁脉冲差不多，它们都是利用一种高速开关装置来提供能源。在窄频微波武器中，能源来自一种虚拟的阴极振荡器或者特殊的磁控管。尽管恒定的辐射具有很窄的频宽，但它们并不能实现高度相干。为了使吉瓦级的能量传递到微波源中，可以使用一种叫流量压缩的能量装置。这是一种在原子弹实验中获得的副产品，它包括一个装填有爆炸材料的铜质圆柱体，外部是螺旋形可以通电的线圈。在装置启动的时候，由于爆炸使得圆柱体线圈的尺寸减小，使处于外部的线圈逐步地短路，这样会不断地压缩磁场，实现非常大的磁通量变化，这种磁通量变化就会产生能量极大的微波辐射。同时这种能量装置也可以串联起来使用，从而产生更大的能量脉冲。这种装置一般要求在 1 微秒时间内达到十万伏特和一万安培级别的平均能量。这些巨大能量通过方向性很强的发射天线，可以将微波束定向地输送到某一特定方向上。

一般来说，理想的微波弹应该是非致命、可以重复使用的。它的频率应该是可调的，并且可以对很远距离上的目标发挥作用。在频率 1~10 吉赫的范围内，这种武器可以穿透防御原子弹的电子屏蔽。对于很深的地下工事，只要有一根电线头露在外面，这种武器就可以将它的地下部分全部穿透。强微波的产生和激光的产生十分相似，它需要三个条件：一是能源，主要是巨型的电容器，可以在很短时间内将储存的能量释放出来，形成电子束；二是将电子束聚焦形成高频的微波；三是高增益天线，将微波发射到预定的方向。更重要的是要将所有这些全部安排在一个较小体积之中。目前很大体积的设备已经可以产生能量很高的微波辐射，但是最困难的是如何把设备的体积减小，使之成为一个可以在实战中应用的武器。

最新发展的一些非致命武器和射电微波武器有相似之处，这些武器包括大功率低频声波武器和高黏度的胶状约束性武器。在这些武器中，比如声波武器，它的频率很低，利用口径 1~2 米的天线定向发射，这种低频振动会使人十分烦躁难受。当人群被这种空气振动跟踪的时候，人们没有任何选择，只有离开声波所在的地区。而使用高黏度的约束性武器会向人群连续喷射一种黏胶，使人的肢体全部被黏胶所固定，从而自动解除敌人的武装，达到驱散人群的目的。

后记
POSTSCRIPT

四十多年前，我和南仁东教授有幸成为改革开放后中国科学院第一批天文科学研究生。天文科学是大科学，当时的中国经济基础薄弱，天文科学不可能有大的投入，与美欧发达国家不在同一个量级。但我们都憋了一口气，希望通过我们的勤奋学习和努力奋斗，尽快缩小这一差距。其后的几十年间，我们时有交流，互相切磋，互相鼓励。他主持“中国天眼”，下定决心搞一个世界级大口径天文望远镜。我异常兴奋，尽我所能支持他的工作。他多次提及天文望远镜方面有太多的高技术问题，这些问题的解答一直分散在众多的期刊文献之中，鼓励我要为中国人争口气，写出天文望远镜的专门著作。

今天的中国，发生了沧海桑田的巨变。特别值得我高兴的是，南仁东教授作为“中国天眼”的主要发起者和奠基人，完成了“中国天眼”这一重大科技项目，使得中国在射电天文望远镜领域一下子进入了第一方阵。我也先后完成了：《天文望远镜原理和设计》，中国科学技术出版社，2003；《高新技术中的磁学和磁应用》，中国科学技术出版社，2006；The Principles of Astronomical

Telescope Design，Springer，2009;《天文望远镜原理和设计》，南京大学出版社， 2020。这几本书的出版除了南仁东教授等诸多专家和同仁的支持、帮助和鼓励外，我的博士生导师、皇家天文学家史密斯先生也多次教导我，只有写出一本望远镜的书才能真正掌握天文望远镜的理论和技术。

随着年龄的增长，我又了解到广大青少年朋友对天文和天文望远镜都有着浓厚的兴趣，但没有很好的渠道，于是我又开始了在我的“老本行”——天文望远镜方面进行科普创作，想让这些各种各样的望远镜被更多人知道、了解和熟悉。于是在中国天文学会的精心组织，以及南京大学出版社的帮助和鼓励下，这套天文望远镜史话丛书正在陆续问世，并有幸入选“南京创新型科普图书”和“江苏科普创作出版扶持计划”，这些项目的入选，也代表了丛书的创意和内容得到了有关单位的认可，在此表示感谢。

同时借此机会，我还要由衷地感谢帮助过我的南仁东教授和史密斯教授，以及其他中外专家和朋友，这些学者有：

南仁东、王绶琯、王礼恒、杨戟、艾国祥、常进、苏定强、胡宁生、王永、赵君亮、何香涛、朱永田、王延路、李国平、夏立新、娄铮、纪丽、梁明、左营喜、叶彬寻、李新南、朱庆生、杨德华、王均智、姚大志。

Dr. Robert Wilson（1978 年诺贝尔奖获得者），Francis Graham-Smith（皇家天文学家，格林威治天文台台长）， Malcolm Longair（爱丁堡天文台台长）， Richard Hills（卡文迪斯实验室天文学教授），Colin M Humphries（天文学教授），Bryne Coyler（英国卢瑟福实验室工程总监）， Aden B Meinel（美国喷气推进实验室杰出科学家），Jorge Sahada（射电天文学家，国际天文学会主席），Antony Stark（波士顿大学天文学家），John D Pope（格林威治天文台工程总监），R K Livesley（剑桥大学工程系教授）。

以上排名不分先后，限于篇幅，不能一一列举，再次衷心感谢各位朋友，没有他们的帮助就没有我的任何成就。

希望大家一直对天文感兴趣，并能喜欢天文望远镜，如果这套小书能对您产生一点点的帮助，将是我莫大的荣幸！

图片来源
PICTURE SOURCE

图 7	NRAO/AUI/NSF
图 40	NRAO/AUI
图 63	NRAO/AUI/NSF
图 88—89	EHT Collaboration et al. 2019. *ApJL* 875, L1